面向后件集的模糊推理机制与应用

岳菊梅　闫永义　著

科学出版社

北京

内 容 简 介

  面向后件集的模糊推理机制是在模糊集合相互关联的环境下进行的，可以捕获到规则中更多的模糊信息，克服了传统模糊推理会丢失前件集与后件集相关性信息的缺陷，推理结果更加合理。本书详细介绍了面向后件集的模糊推理机制及其应用，包括在 Type-1 模糊逻辑系统、区间型 Type-2 模糊逻辑系统和一般型 Type-2 模糊逻辑系统中的应用，以及这些基于面向后件集设计的三种模糊逻辑系统在工业实践中的应用，如自动洗衣机模糊控制器的设计等。

  本书适合作为高等院校系统科学、控制理论与控制工程、计算机和人工智能等专业的研究生和高年级本科生的教材，也可供系统科学、控制理论与控制工程和人工智能等领域的科研人员参考。

图书在版编目(CIP)数据

面向后件集的模糊推理机制与应用/岳菊梅,闫永义著.—北京:科学出版社,
2018.11
  ISBN 978-7-03-059575-1

  Ⅰ.①面… Ⅱ.①岳… ②闫… Ⅲ.①模糊逻辑–研究 Ⅳ.①O141

中国版本图书馆 CIP 数据核字（2018）第 260347 号

责任编辑：朱英彪 赵晓廷／责任校对：张小霞
责任印制：张 伟／封面设计：蓝正设计

科 学 出 版 社 出版
北京东黄城根北街 16 号
邮政编码：100717
http://www.sciencep.com

北京建宏印刷有限公司 印刷
科学出版社发行 各地新华书店经销
*

2018 年 11 月第 一 版 开本：720×1000 B5
2019 年 8 月第二次印刷 印张：11 1/2
字数：230 000

定价：95.00 元

前　　言

目前，模糊系统与模糊控制已广泛应用于工业领域，在社会学、经济学、环境学、生物学和医学等领域也得到了成功应用，有了一些探索性甚至突破性的应用成果。但模糊控制一直是一个充满争议的领域，理论基础尚需完善，实际应用也有待进一步深入研究。针对目前广泛应用于工程领域的模糊推理方法的内在缺陷，即规则输出集往往只由其中一个前件集决定，忽略了其他前件集对推理结果的影响；或者，虽然推理过程考虑了所有前件集，但推理结果并不是由每个前件集按照其对后件集的影响程度共同决定的，本书提出了适用于 Type-1 模糊逻辑系统、区间型 Type-2 模糊逻辑系统和一般型 Type-2 模糊逻辑系统的面向后件集的模糊推理机制，并对这三种推理机制的共同点进行理论抽象，介绍了相关型模糊集的概念。

本书将介绍一种在模糊集相互关联的环境下进行模糊推理的机制，这种推理机制克服了传统的在前件集与后件集相互独立的环境下进行模糊推理会丢失信息的缺陷，可以捕获到规则中更多的模糊信息，推理结果更加合理，也为模糊逻辑系统的设计提供更大的自由度。

本书主要内容包括以下几个方面。

(1) 鉴于目前的大多数模糊推理方法均没有利用规则中前件集与后件集的相关性信息，本书提出了模糊集 O-O 变换的概念，变换后的模糊集包含了参考对象的相关性信息。基于让规则的每个前件集的 O-O 变换集而不是前件集本身参与模糊推理的思想，本书提出了适用于 Type-1 模糊逻辑系统、区间型 Type-2 模糊逻辑系统和一般型 Type-2 模糊逻辑系统的面向后件集的模糊推理机制。

(2) 对模糊集之间的相关性信息进行分类介绍。当两个模糊集的相关度可以用一个清晰数来表达时，可使用具有清晰相关度的面向后件集的模糊推理机制，并将这种推理方法应用到 Type-1 模糊逻辑系统、区间型 Type-2 模糊逻辑系统和一般型 Type-2 模糊逻辑系统中。当模糊集间的相关性信息不宜或不易用一个清晰数来表示时，上述面向后件集的模糊推理机制无法将这种不明确的相关信息引入模糊推理过程。为此，对模糊集 O-O 变换的概念进行扩展，提出了合成 Type-2 模糊集的概念, 在此基础上对具有清晰相关度的面向后件集的模糊推理方法进行推广, 提出了具有模糊相关度的面向后件集的模糊推理机制。该推理方法适用于 Type-1 模糊逻辑系统、区间型 Type-2 模糊逻辑系统和一般型 Type-2 模糊逻辑系统。

(3) 对上述两种情形、三种系统下面向后件集的模糊推理机制的共同点进行理论抽象, 提出了相关型模糊集的概念。相关型模糊集使人们可以在一个模糊集彼此相关的环境下研究模糊集与模糊逻辑系统。针对三种模糊系统, 分别定义了相关型 Type-1 模糊集、相关型区间 Type-2 模糊集和相关型一般 Type-2 模糊集的概念, 并将普通模糊集的基本概念, 如包含关系、并运算、交运算和补运算等, 相应地推广到这些相关型模糊集中。同时, 初步探讨了它们的一些性质以及在 Type-1 模糊逻辑系统、区间型 Type-2 模糊逻辑系统和一般型 Type-2 模糊逻辑系统三种模糊逻辑系统中的应用, 包括系统的分析与综合。

本书第 1~5 章由河南科技大学岳菊梅撰写, 第 6~8 章由河南科技大学闫永义撰写。本书的主要内容在期刊上公开发表过, 大部分内容曾在国际会议上报告过。许多同行, 特别是河南科技大学农业装备工程学院和信息工程学院的老师给予了许多建议, 使本书内容得以完善, 对此深表感谢! 感谢南开大学陈增强教授对作者研究工作的支持。

本书的出版得到河南省教育厅高等学校重点科研项目 (15A416005)、河南省科技攻关计划项目 (182102210045)、河南科技大学青年科学基金 (2015QN016) 的支持, 对此表示感谢。

由于作者水平有限, 书中难免存在不妥之处, 敬请广大读者批评、指正。

作　者
2018 年 6 月

目　　录

第1章 绪　　论

1.1 引　　言

人工智能是模拟人类思维的一种知识处理系统，具有记忆、学习、信息处理、形式语言和启发推理等功能，可以用于判断、推理、预测、识别、决策和学习等各类问题。

人类对智能的研究已有三千多年的历史，人工智能正是人类智能理论发展到一定阶段的产物。从 1956 年该概念提出以来，人工智能主要有符号主义和链接主义两种研究模式。符号主义是利用知识表达和逻辑符号系统从宏观层面来模拟人类的智能，而链接主义则是依据人脑和神经系统的生理原理从微观意义上来模拟人脑的工作机制。链接主义人工智能逐步发展为如今的计算智能，并于 1994 年确立人工智能发展的主流地位。

模糊逻辑、神经网络和进化计算是计算智能的三大分支。模糊逻辑在解决人类的主观性认识方面，如推理、评估和决策等，具有卓越的功能。从美国控制理论专家 Zadeh 于 1965 年创立模糊集理论以来，模糊逻辑系统和模糊推理在理论与应用方面都得到了长足的发展。

20 世纪 70 年代，模糊理论继续发展并出现了实际应用。模糊集的提出者——Zadeh 教授在提出模糊集概念后，又于 1968 年提出模糊算法的概念；之后，在 1970 年提出模糊决策，1971 年提出模糊排序，1973 年发表了一篇开创性的论文 *Outline of a new approach to the analysis of complex systems and decision processes*，该文为研究模糊控制打下了理论基础。在此十年间，模糊理论领域的一个重大事件是诞生了处理实际系统的模糊控制器。1975 年，英国的 Mamdani 博士和 Assilian 教授创立了模糊控制器的基本框架，并将模糊控制器成功应用于蒸汽机的控制。该研究成果发表在模糊理论的另一篇开创性的文章 *An experiment in linguistic synthesis with a fuzzy logic controller*。1978 年，丹麦工程师 Holmblad 和 Ostergaard 为整个工业过程开发了第一个模糊控制器——模糊水泥窑控制器。

20 世纪 80 年代，模糊理论在工业领域的应用产生巨大飞跃。然而，在此期间，模糊理论发展却非常缓慢，几乎没有出现新的概念和方法，只有模糊控制在实际工程的应用方面保存下来。直到 1987 年，日本学者 Yasunobu 和 Miyamoto 为仙台地铁成功开发了模糊系统，创造了世界上最先进的地铁系统。模糊控制的这一成功应用令人振奋并引起了模糊领域的一场巨变，大量学者都投入到该领域的研究中。

20 世纪 90 年代，模糊理论迅猛发展但仍有很多的挑战。在此期间，模糊系统与模糊控制中的一些基本问题已经得到了解决，例如，利用神经网络技术系统地确定隶属度函数并严格分析模糊系统的稳定性。尽管模糊系统应用于控制理论的整体前景已显清晰，但仍有大量的工作要做，大多数的方法和分析还停留在初级阶段。

模糊系统也有自己固有的缺陷：对模糊信息的简单处理不仅会使系统的功能精度下降，也会使系统的动态品质恶化。若要提高系统的精度，必然增大量化级数，这又会导致对规则的搜索范围急剧增大，大大影响运算速度，甚至不能满足实时性的要求。

模糊系统的设计也缺乏系统性，不能明确定义功能目标。对相应规则的制定、论域的确定、模糊集的定义、比例因子的选择都采用尝试法，这些会导致难以对高不确定性系统进行表达和控制。要解决此问题，可行的途径是增加系统的模糊性。1975 年，Zadeh 提出了 Type-2 模糊集的概念。这种模糊集的元素的隶属度不像传统模糊集 (Type-1 模糊集) 那样是一个清晰数，而是一个模糊集 (Type-1 模糊集)，即 Type-2 模糊集的隶属度函数比 Type-1 模糊集的隶属度函数具有更多的参数，这为模糊系统的设计提供了更大的自由度，系统性能也有提升的潜力 [1]。基于 Type-1 模糊集建立的模糊系统称为 Type-1 模糊系统，基于 Type-2 模糊集建立的模糊系统称为 Type-2 模糊系统。当然，还可以对 Type-2 模糊集进行进一步扩展，形成更高阶的模糊集。但从现阶段的技术水平来说，这种扩展只具有理论意义，还不具备应用价值。

1998 年，南加利福尼亚大学电子工程系的一个工作小组将 Type-2 模糊系统成功应用到时变信道的均化上，性能显著。此后，Type-2 模糊系统广泛应用于许多领域，出现了许多研究成果，如近似理论、聚类分析、移动机器人控制、决策、数据库、医疗健康、神经网络、模式识别和无线通信等。成功利用 Type-2 模糊系统的实例包括对编码视频流进行分类、消除非线性时变通信共用信道的干扰、连接准许控制、控制移动机器人、均化非线性衰减信道、问卷调查表的知识提取、时间序列预测、函数拟合、语言学习、X光图像预处理、关系数据库、模糊方程求解和交通规划等。鉴于对计算复杂度的考虑，目前 Type-2 模糊系统的应用几乎都采用区间型 Type-2 模糊系统。

　　模糊系统，无论是 Type-1 模糊系统还是 Type-2 模糊系统，其核心均是由 IF-THEN 规则组成的规则库，其他组成部分都是以一种合理有效的方式来执行这些规则。因此，规则中的不确定性在模糊系统的推理中起着关键作用。不同的推理机制决定了规则中不确定信息的处理方法。

　　推理技术是人工智能的三大要素之一，也是目前模糊理论研究最活跃的方向之一。模糊推理和模糊逻辑是计算智能的一个重要组成部分，也是设计和分析模糊专家系统、模糊控制系统和模糊决策支持系统的理论基础。模糊神经网络是目前实现模糊推理的一个重要途径 [2-4]。可以说，模糊推理理论是信息科学领域的模糊信息处理和机器智能实现的一个重要工具，也是控制科学、计算机科学和人文科学的一个重要研究课题。

　　在实际应用中，模糊推理不像经典逻辑那样基于公理进行形式推演或者根据赋值的语义运算，而是通过近似推理的方式，由命题的前提计算出结论，而不是推演出结论。因此，它的特征是数值计算而不是符号推演。1973 年，Zadeh 提出了模糊分离规则 (fuzzy modus ponens, FMP)，后来又与 Mamdani 等一起将其算法化，形成了推理的合成规则 (compositional rule of inference, CRI)，成为当今各种模糊推理方法的理论基础 [5-7]。近 30 年来，模糊推理技术成功应用于工业生产控制，尤其是在家电产品中的应用，使其在模糊逻辑系统及自动控制领域越来越受到人们的关注，已成为以数值计算而非以符号推演为特征的一个研究方向。

　　基于 CRI 发展而来的各种模糊推理算法虽然在无法给出数学模型的复杂系统的控制中比其他方法更有效，但从本质上讲，应用中的模糊控制方法与逻辑的联系越来越少，对算法的依赖越来越大。因此，用算法来取代模糊推理是否合理，其理论基础是否可靠仍被一些学者质疑。例如，Elkan 等在 1994 年国际人工智能大会上的报告 "模糊逻辑的似是而非的成功" 所提出的质疑 [8]。

　　如上所述，虽然模糊系统与模糊控制在工程上得到了成功的应用，但尚缺乏完善的理论基础，应用上也有待于进一步深入，尤其是在以下方面。

　　(1) 对模糊系统进行建模、确立模糊规则和模糊推理方法等方面进行深入研究，特别是对非线性复杂系统的模糊控制。

　　(2) 探索模糊控制系统新的创建和分析方法，目前稳定性理论还不成熟，需要进一步完善。

(3) 开发和推广简单实用的模糊集成芯片和通用模糊系统硬件。

(4) 加强对模糊系统设计方法的研究, 把现代控制理论、神经网络与模糊控制进行更好的结合、相互渗透, 在多方面进行深入研究, 以便构成更多、更好的模糊集成系统。

在模糊逻辑系统中, 不确定性不仅存在于前件集和后件集, 还存在于模糊连接词, 即模糊算子中。因此, 在一个基于规则的模糊逻辑系统中, 不仅需要用模糊集, 如 Type-1 模糊集、区间型 Type-2 模糊集 (interval Type-2 fuzzy set) 和一般型 Type-2 模糊集对前件集和后件集的不确定性进行建模, 还要对模糊连接词的不确定性进行建模。模糊算子的模型决定了规则中模糊信息的加工方法及利用程度。目前, 对模糊算子的建模方法主要是基于 t-范数 (也称为 t-模或三角模) 或其改进形式, 这些模型的主要任务是解决如何加工规则中的一般模糊信息, 而没有涉及如何深入挖掘规则中前件集与后件集之间的相关性信息。因此, 对于某些实际问题, 常会出现推理结果无法比较的情况, 从而无法在多个连续的 t-范数或 t-余范数中选出与实际数据相匹配的算子。例如, 广泛应用于工程领域的取小 t-范数和乘积 t-范数。采用取小 t-范数的模糊推理, 得到的规则输出集往往只由其中一个前件集决定, 也就是说, 取小模糊推理忽略了其他前件集对结果的影响。采用乘积 t-范数的模糊推理, 虽然在推理过程中考虑了所有前件集, 但是推理结果并不是由每个前件集及其对后件集的影响程度共同决定的。

可见, 在一个模糊集相互独立的环境下研究模糊集和模糊推理将会遗漏规则中的一些模糊信息。因此, 如果将前件集与后件集的相关性信息考虑到模糊推理中, 或者在对模糊算子进行建模时将前件集与后件集的相关性信息纳入模型中, 那么推理结果无疑包含了规则中更多的模糊信息, 从而使推理结果更符合客观事实和人们的实际生活经验。

综上所述, 本书针对目前模糊推理过程中存在的上述问题, 考虑在一个模糊集相互关联的环境下研究模糊集与模糊推理, 将模糊规则中的前件集对后件集的相关性信息 (如影响程度、相关程度等) 引入推理过程, 这种模糊推理可以捕获到规则中更多的模糊信息, 推理结果也更加合理, 可为模糊系统的设计提供更大的自由度。

1.2 模糊推理的分类

根据不同的划分标准, 可将模糊推理划分为不同的类型。目前, 主要有以下几种划分方法。

1. 按模糊规则的条数和前件变量个数划分

根据模糊规则的条数和前件变量个数的不同，常见的模糊推理可分为以下几种形式 [9-11]。

(1) 简单模糊推理。简单模糊推理是模糊推理最基本的模型，它是经典逻辑在模糊域的推广。该模型只有一个大前提和一个小前提，是单输入–单输出模型，其模型为

$$A \to B$$
$$\frac{A^*}{B^*}$$

(2) 多维模糊推理。多维模糊推理解决的是大前提含有多个前件集的情形，是多输入–单输出模型，其一般形式为

$$A_1, A_2, \cdots, A_n \to B$$
$$\frac{A_1^*, A_2^*, \cdots, A_n^*}{B^*}$$

在多维模糊推理中，通常有三种方法可用来求 B^*，即 Zadeh 法、Tsukamoto 法和 Takagi-Sugeno 法。

(3) 多重模糊推理。多重模糊推理解决的是规则含有多个大前提的情形，每个大前提只有一个前件，其一般形式为

$$A_1 \to B_1$$
$$A_2 \to B_2$$
$$\vdots$$
$$A_n \to B_n$$
$$\frac{A^*}{B^*}$$

在多重模糊推理中，通常也有三种方法可用来求 B^*，即 FITA(first infer then aggregate) 法、FATI(first aggregate then infer) 法和点火法。

(4) 多重多维模糊推理，也称链式模糊推理。该推理形式是更一般的模糊推理模型，在模糊控制中也最为常用。在多重多维模糊推理中，大前提有多个情形，且

每个大前提有多个前件集, 其一般形式为

$$A_{11}, A_{12}, \cdots, A_{1n} \to B_1$$
$$A_{21}, A_{22}, \cdots, A_{2n} \to B_2$$
$$\vdots$$
$$\underline{\begin{matrix} A_{t1}, A_{t2}, \cdots, A_{tn} \to B_t \\ A_1^*, A_2^*, \cdots, A_n^* \end{matrix}}$$
$$B^*$$

在该模型中, 通常有六种方法可用来求 B^*, 即多重 Zadeh 法、多重 FITA 法、多重 FATI 法、多重 I 型 Tsukamoto 法、多重 II 型 Tsukamoto 法和 Takagi-Sugeno 法。

(5) 多重多维多输出模糊推理。在一些应用中也用到这种模型, 其形式为

$$A_{11}, A_{12}, \cdots, A_{1n} \to B_{11}, B_{12}, \cdots, B_{1k}$$
$$A_{21}, A_{22}, \cdots, A_{2n} \to B_{21}, B_{22}, \cdots, B_{2k}$$
$$\vdots$$
$$\underline{\begin{matrix} A_{t1}, A_{t2}, \cdots, A_{tn} \to B_{t1}, B_{t2}, \cdots, B_{tk} \\ A_1^*, A_2^*, \cdots, A_n^* \end{matrix}}$$
$$B_1^*, B_2^*, \cdots, B_k^*$$

要求得结果 $B_1^*, B_2^*, \cdots, B_k^*$, 只需对每个 $j(j \leqslant k)$ 采用多重多维多输出模型分别求得 B_j^* 即可。

2. 按模糊推理方法划分

根据模糊推理方法的不同, 常见的模糊推理可分为如下几种。

(1) 应用于纯模糊系统的模糊推理 [12,13]。该应用中常用的模糊推理方法有 Zadeh 的 CRI 方法 [7]、全蕴涵三 I 算法 [10]、Mamdani 算法 [6]、基于反馈的 CRI 算法 [14] 和陈永义等的特征展开方法等 [15]。

(2) 应用于工业过程控制的模糊推理。由于工业过程对模糊控制的要求, 应用的模糊推理方法的输入和输出都要求是精确的数值, 常见的有 Sugeno-Kang 模糊推理方法 [16]、Takagi-Sugeno 模糊推理方法等 [17]。

(3) 基于神经网络的模糊推理。例如, 常用的是采用径向基函数网络的模糊推理方法 [18]。

(4) 应用于模糊专家系统中的模糊推理, 如链式模糊推理等 [19]。

3. 按规则中模糊集的类型划分

根据规则中模糊集的类型是普通模糊集 (Type-1 模糊集)、区间型模糊集 (区间型 Type-2 模糊集) 还是二型模糊集 (Type-2 模糊集)，模糊推理可分为以下几种。

(1) Type-1 模糊集上的模糊推理 [20-22]。该模糊推理是一种以 Type-1 模糊集理论为基础的模糊推理方法。

(2) 区间型 Type-2 模糊集上的模糊推理 [23-25]。这种模糊推理的理论基础是区间型 Type-2 模糊集理论，是 Type-1 模糊集上的模糊推理在功能上的扩展。

(3) 一般型 Type-2 模糊集上的模糊推理 [1,26-28]。该模糊推理是一种基于一般型 Type-2 模糊集理论进行的模糊逻辑演算，是更一般意义上的模糊推理。

4. 按输入和输出的对象划分

根据输入和输出的对象不同，常见的模糊推理如下。

(1) 输入和输出均是清晰值的模糊推理，如前所述的基于 Tsukamoto 法的模糊系统和基于 Takagi-Sugeno 法的模糊系统，以及基于神经网络的模糊推理等 [4,29,30]。

(2) 输入和输出均是模糊值的模糊推理，如用于纯模糊系统的模糊推理等 [16,17]。

(3) 输入是模糊值，输出是清晰值的模糊推理 [20,21,31]。

1.3   模糊推理的研究现状

模糊推理是一种模拟人类大脑思维方式的近似推理，是以模糊集理论为描述工具，对数理逻辑进行扩展，从不精确的前提集合得到不精确的结论的推理过程，又称近似推理，是不确定推理的一种。它是模糊控制技术的理论基础。20 世纪 80 年代末，随着计算机技术的迅速发展，以模糊推理为基础的模糊控制技术得到了广泛的应用和发展，国内外学者对该领域进行了大量的研究，并提出了许多关于模糊推理的理论和方法。

逻辑学家对模糊性的讨论始于1923 年。英国学者 Russell 发表了题为*Vagueness* 的论文，文中明确指出，"模糊知识是靠不住" 的这种观点是错误的 [32]。该论文的发表并没有引起学者对含糊性 (目前称为模糊性) 的注意。直到 1965 年，Zadeh 创立了模糊集理论，人们才重新对模糊推理给予重视和研究。纵观国内外文献，对于模糊推理的研究主要集中在以下几个方面。

1. 模糊推理方法的研究

对模糊推理的研究始于 1973 年，随后 Zadeh 教授首先在模糊推理算法中加入模糊数学的思想和方法，即合成算法 (CRI)[7]，它主要用来解决模糊推理过程中的两个核心问题——模糊假言推理问题 (FMP) 和模糊拒取式推理 (fuzzy modus tollens，FMT) 问题。紧接着，该推理方法被应用到模糊控制技术中，并得到了良好的效果。目前为止，在工业生产领域广泛使用的模糊推理方法仍是 Zadeh 提出的 CRI 方法。模糊推理由于在工业应用上表现出极大的优越性而成为人们研究的热点。目前，有关模糊推理的研究大都基于 Zadeh 的 CRI 方法，提出了多种定义模糊关系和合成运算的方法，这些方法是通过对 CRI 方法进行改进、扩充或推广得到的。以 CRI 方法为思想的模糊推理已经发展成为模糊控制理论的一个重要研究方向。至今，学者已经提出了许多与 CRI 相关的模糊推理方法。其中比较典型的有王国俊教授在 1999 年提出的全蕴涵三 I 算法 [10]。他指出，从逻辑语义的角度来看，CRI 算法在语义上偏离了蕴涵的框架，且该算法不具有还原性，使用该算法求得的结果并不是最优的。他从逻辑学的角度对 Zadeh 的 CRI 方法进行了修正，提出在推理过程中的每一步都要使用蕴涵算子的全蕴涵算法。在推理中用了三次蕴涵，因此称为全蕴涵三 I 算法，该算法具有逻辑蕴涵意义，从而扩展了人们对 CRI 模糊推理的研究。进而，人们基于全蕴涵三 I 算法也提出了很多有价值的推理方法，如宋士吉和吴澄于 2002 年提出的模糊推理的反向三 I 算法和反向三 I 约束算法 [33,34]；俞峰和杨成梧于 2008 年提出的区间值三 I 算法 [35]；付利华和何华灿在 2004 年对模糊推理中相异因子的研究 [36] 等。这些研究工作主要集中在对 CRI 方法的改进和三 I 算法的研究上。

国外学者提出了异于 CRI 算法的模糊推理方法。Baldwin 在 1979 年提出了真值推理 (truth values reasoning, TVR) 方法 [37]。该方法是一种用真值来限定的近似推理方法，首先通过将模糊命题由 TVR 方法转化成语言真值，即论域为 $\tilde{F}_1$ 上的正规模糊集，然后对各个蕴涵命题在 $\bar{f}(X')$ 上的模糊关系进行推理。另外，在研究中人们发现，从逻辑学的角度来看，以 CRI 算法为基础的模糊推理缺乏逻辑性。基于此原因，Turksen 和 Zhong 分别在 1988 年和 1990 年提出了基于相似度的模糊推理 [38,39]，他们将观测结果与前件模糊集间的相似性运用到模糊推理中，给出了一种新的模糊推理方法。2003~2012 年也有不少文献提出了各种各样的基于相似度的模糊推理方法 [40-43]。

最早将 Petri 网运用到模糊推理过程的是 Looney 教授，他在 1988 年提出了基于 Petri 网的近似推理 [44]。他将推理过程中的模糊规则矩阵推广到 Petri 网，但在当时被称为模糊 Petri 网或模糊逻辑网，并不是真正意义上的模糊 Petri 网推理。Chen 等在 1990 年给出了明确的 Petri 网模糊推理的定义 [45]，并提出了用模糊 Petri 网来表示规则生成和推理算法，该算法使得计算过程更接近人类思维。2003~2013 年，有学者基于 Petri 网理论提出了许多模糊推理方法 [46-50]。

Guan 和 Bell 于 1997 年共同提出了证据推理方法 [51]。该推理方法是在 Dempster-Shafer 证据理论的基础上，进行基于证据函数的推理运算，符合人类推理的决策过程，能得到很好的推理结果。

Ciftcibasi 和 Altunay 在 1998 年提出了直觉模糊推理算法 [52]，这种推理方法是建立在直觉模糊集理论上的扩展模糊逻辑。该方法基于直觉模糊集讨论了直觉模糊推理和基于代数逻辑的模型结构。利用该推理方法，人们在决策过程中能同时顾及对方的看法。雷英杰等在 2006 年利用隶属度函数提出了直觉模糊逻辑命题真值的合成方法 [53]，并给出直觉模糊逻辑命题的运算法则，将通常意义下的模糊推理关系推广到直觉模糊集下，推导出相关的直觉推理合成运算公式。2010 年以来，国内外仍有部分学者对直觉模糊推理的方法进行改进和完善 [35,54-56]。

Seki、Cholman 等分别于 2008 年和 2010 年提出了含有参数的合成模糊推理方法 (compositional rule of fuzzy inference with parameters, CRIP)[57,58]。2010年，Hamed 等提出了基于布尔 Petri 网的模糊推理方法 [59]。

2013 年，José 等用 Choquet 模糊积分作为聚合函数，提出了一种遗传学习方法和一个新的模糊测度，并将它们应用到模糊推理上。该推理方法主要是对一组模糊规则的相互联系进行建模。基于该模型的推理方法在制胜规则 (winning rule) 的模糊推理方面性能卓越 [60]。2013 年，Giulianella 等利用相关条件概率处理模糊 IF-THEN 规则，提出了概率模糊推理方法 [61]。该方法可用于在模糊的统计信息不准确或不完整时对这些模糊信息进行有效融合 (combine)。

除此之外，学者还提出了一些其他推理方法，如基于逼近规则模糊关系矩阵的模糊推理方法 [62-64]、基于区间值的模糊推理方法 [65,66] 以及通过移动速率隶属度函数提出的模糊推理方法 [67] 等。

2. 模糊推理逻辑基础的研究

关于模糊推理逻辑方面的研究，最早要追溯到 Pavelka 在 1979 年发表的论文 [68]。文中将模糊集的思想引入逻辑演算中，人们从此开始了对模糊逻辑推理的研究。

　　Goguen 和 Burstll 在 1984 年使用多值逻辑的方法来研究各种蕴涵算子的演绎系统，并证明了各种逻辑形式的代数结构和系统的紧致性、可靠性和完备性等性质 [63,64]。

　　目前，对于模糊推理逻辑方面的研究主要是基于三角模，即通常说的 t-范数和 t-余范数理论。1998 年，Hajek 根据连续 t-范数以及由其推导出的剩余型蕴涵知识，提出了基于 t-范数的基础逻辑 (basic logic, BL) 的基本概念 [67]，并给出相应的 BL 代数，也称为 t-代数。Hajek 将 BL 代数的概念扩展到 Lukasiewicz 范数、Godel 范数和 Product 范数运算之中，建立了对应于 BL 代数的代数结构，并探讨了 BL 代数的一些性质和相关定理。接着，Esteva 和 Godo 又基于 BL 代数的概念，于 2001 年对左连续的 t-范数的重言式模糊逻辑进行了形式化，在此基础上提出了单项 t-范数逻辑 (monodial t-norm based logic, MTL)[69]。基于此，Noguera 等又于 2006 年和 2008 年给出了几种扩展的模糊逻辑，如弱幂零最小逻辑 (weak nilpotent minimum, WNM)、对合单项 t-范数逻辑 (involution MTL, IMTL)、幂零最小逻辑 (nilpoten minimum, NM) 等 [70,71]，使用 Hajek 提出的方法，给出了扩展逻辑系统的相应代数形式，并证明系统具有完备性。

　　2012 年，Dai 等基于正则闵可夫斯基距离 (normalized Minkowski distance)，对模糊集扰动的概念 (perturbation of fuzzy set) 进行了推广，并对模糊集运算的扰动性提出了一些新的结论。在此基础上，对模糊推理的扰动性进行了研究，提出了新的模糊推理扰动的测量方法 [72]。

　　从以上文献可以看出，国外学者对模糊逻辑推理基础的研究是纯逻辑的，而国内学者偏重于模糊逻辑在模糊推理应用中的研究，大多是关于由 t-模构成相关的蕴涵算子及其性质，研究成果比较直观。肖奚安和朱梧槚在 1985 年提出了中介逻辑 (medium logic, ML) 的概念 [73,74]。他们指出，ML 是一种形式化的逻辑理论，它不仅可以区分清晰知识和模糊知识，也可以区分知识之间的对立否定关系和矛盾否定关系。潘正华等从不同层面对 ML 的语义模型进行研究，得到很多有用的结果 [75,76]。

　　王国俊教授在 1998 年修正了 Kleene 的推理方法，提出了 $\bar{f}(X') = \overset{p}{\underset{i=1}{\bigstar}} \bar{\mu}_{\bar{F}_i\bar{G}}(x'_i)$-重言式理论 [77]。他在赋值域为有限集的情形下，证明了当 $\underline{f}(X') = \overset{p}{\underset{i=1}{\bigstar}} \underline{\mu}_{\bar{F}_i\bar{G}}(x'_i)$ 过半时的 "类类互异定理"，也证明了在有限值的前提下广义重言式的表示定理。同年，王国俊教授还以 $\tilde{G}$ 语义 Lindenbaum 代数为背景，引入蕴涵格和正则蕴涵格的概念，并在零维 Hausdorff 空间背景下引入模糊蕴涵空间及其蕴涵基的概念，建

立了正则蕴涵格的模糊拓扑表现定理 [78]。

刘刚等在 2003 年提出了双枝模糊逻辑推理结构 [79]。从双枝模糊命题入手，给出双枝模糊逻辑的性质和双枝模糊逻辑公式，以及双枝模糊逻辑的析取范式和合取范式，为建立双枝模糊推理提供了理论基础。另外，2011 年以来，国内的一些学者也提出了其他形式的模糊逻辑，如以模糊取式和模糊拒式为基础的模糊逻辑、基于 Frank 三角范数的模糊逻辑、基于 Rough 蕴涵的逻辑形式系统等 [80-82]。

3. 模糊推理应用方面的研究

Dubois 和 Prade[83] 于 1991 年指出了插值机理和模糊推理之间的重要关系；Kóczy 和 Hirota[84,85] 于 1993 年首次提出了模糊插值推理方法，这是基于线性规则插值和逼近提出来的一种推理方法，并被推广到多维变量空间的情况。

2000~2013 年，基于插值模糊推理方法，人们又提出了加权模糊插值推理、模糊规则插值推理等一些新的插值推理法，并用它们解决了一些实际问题，取得了良好的效果 [86-90]。2010 年，Ramiro 等将模糊推理引入分数阶 PD(proportion derivation) 控制器中，所得的模糊分数阶 PD 控制器在对系统的控制上有更好的鲁棒性 [91]。同年，Zhang 和 Yang 为了对模糊推理的逻辑函数进行分析，提出了关于 Lukasiewicz 模糊逻辑、Gödel 模糊逻辑、乘积模糊逻辑和 Nilpotent 最小模糊逻辑的广义根的概念，并证明模糊推理的逻辑函数完全由其广义根确定 (如果广义根存在)[92]。

Chung 和 Takizawa 在 2010 年研究了模糊推理的隶属度函数，提出了将其应用到教育评估上的方法。通过对学生作业 (绘画) 进行评估，该方法取得相当有效的结果 [93]。此外，2011 年以来，研究者将模糊推理与智能专家系统、智能 Agent 系统等结合，也进行了一定的研究 [94-97]。

在国内，Wang 等在 2013 年针对一类非自治系统提出了动态模糊推理边缘线性化方法 [98]，这种方法可以将一组输入-输出数据变换成时变模糊系统。时变广义模糊系统通过该模糊推理进行求解的方法是一类非自治系统解的通用逼近。2013 年，Li 等将模糊推理与层次分析法结合起来应用于实时路径诱导系统 [99]，该方法是一个多标准组合系统，其层次结构可以大大简化决策策略的定义。同年，Xue 等基于 Takagi-Sugeno 模糊推理模型对六自由度的并联机器人实现了自适应控制 [100]，设计的控制器可以消除被控对象的不对称和不确定负载的干扰，具有良好的动态性能。

1.4　模糊算子的研究现状

在模糊集理论中，最基本的出发点是利用隶属度函数来表示人的主观范畴，并用恰当的模糊算子来聚合隶属度函数信息。随着模糊集理论的不断发展，人们对模糊算子的研究也不断深入，提出很多符合实际需求的模糊算子。

模糊集的交和并算子是最基本、最简单的模糊算子，其他的模糊算子就是从它们延伸而来的。在模糊集理论中，模糊集的交和并运算常使用连续的三角模和三角余模来表示 [101-103]。其中，t-模是一类重要的模糊算子，是由法国学者 Menger于 1942 年在推广经典的三角不等式时首次提出的 [104]。1960~1963 年，Schweizer和 Sklar 为了在概率测度空间中准确描述三角不等式，正式给出了三角模的详细定义 [105-107]。由于使用与 t-模相关的模糊算子，模糊逻辑系统具有了很多优良的逻辑性。2000~2012 年，许多学者对三角模进行深入的研究，发现了三角模的许多性质 [108-115]。同时，为了满足实际应用的需要，越来越多的学者通过削弱三角模的条件来推广它们，从而提出了弱 t-模、伪 t-模等概念 [70,116-118]。

作为经典集合运算的推广，Zadeh 于 1965 年首次将取大和取小运算作为模糊集的并和交算子 [119]。1980 年以来，很多学者相继提出了各种各样的交并算子，如代数和与代数积、有界和与有界积、Einstein 和与 Einstein 积、Hamacher 算子、Yager 算子和 Kaufmann 算子等 [115,120,121]。

在模糊逻辑系统中，不确定性不仅存在于规则的前件集和后件集，而且存在于模糊算子中。1984 年，Turksen 和 Yao 在文献 [122] 中指出，对模糊算子和它们的不确定性进行建模是非常重要的。之前，Shannon 提出了合取和析取的标准形式 [123]，即合取范式 (conjunctive normal form，CNF) 和析取范式 (disconjunctive normal form，DNF)，用这种标准形式在经典逻辑中对复杂逻辑进行简化是一种有效的工具。2002 年，Turksen 对 CNF 和 DNF 进行模糊化，提出了模糊合取范式 (fuzzy conjunctive normal form，FCNF) 和模糊析取范式 (fuzzy disconjunctive normal form，FDNF) 的概念 [124]。利用 FCNF 和 FDNF 对 AND 和 OR 算子进行建模，通过取某种 t-范数或 t-余范数得到的是一个区间集。2010 年，Le Capitaine和 Frélicot 提出了一类新的模糊连接词算子，这种算子是常用模糊连接词算子 (如三角范数和三角余范数) 的一般化形式 [125]。这些一般化的模糊算子可以用来评估非约束模糊集 (unconstrained fuzzy set) 中值的大小。另外，一些学者对模糊连接

词 (AND/OR) 算子和它们的不确定性提出了其他的建模方法, 如含有参数的 t-范数 (t-余范数)、补偿算子、有序加权平均 (ordered weighted averaging, OWA) 算子、S-OWA(synthetical ordered weighted averaging) 算子等 [105,106,121,126-128]。

2012 年, 国内部分学者对在遥感图像特征提取中所采用的模糊算子的一般方法进行研究, 讨论了如何使用模糊算子对采集的数据进行融合 [129]。王华牢等提出了一种改进的模糊算子, 并将其应用到公路隧道健康状态的综合模糊评价模型中, 以对公路上隧道的健康状态进行量化评价 [130]。2013 年, 国内也有一些学者提出了直觉模糊差算子与直觉余伴随对的概念, 分析了两者在直觉模糊域上的分配性与结合性, 并给出剩余型直觉蕴涵算子的统一形式 [54]。

1.5 本书的主要内容安排

本书首先简要总结了与模糊推理相关的一些基础知识。然后, 在此基础上提出了适用于 Type-1 模糊逻辑系统、区间型 Type-2 模糊逻辑系统和一般型 Type-2 模糊逻辑的面向后件集的模糊推理 (consequent-oriented fuzzy inference, COFI) 方法, 包括具有清晰相关度的 COFI 方法和具有模糊相关度的 COFI 方法。最后, 对这三种系统的模糊推理的共同点进行抽象, 提出了相关型模糊集的概念, 并对其性质及在模糊逻辑系统中的应用进行了初步探索。本书的内容安排如下。

第 1 章介绍本书内容相关研究的背景与意义, 概括叙述模糊推理和模糊算子的研究现状。

第 2 章介绍书中用到的数学基础, 重点叙述隶属度函数及其确定方法、模糊集的运算等。

第 3 章介绍书中用到的逻辑学基础, 重点叙述模糊算子和模糊推理等。

第 4 章总结与本书相关的 Type-2 模糊逻辑系统, 重点叙述 Type-2 模糊集的概念及其性质、Type-1 模糊逻辑系统与 Type-2 模糊逻辑系统中的模糊推理、模糊加权平均 (fuzzy weighted average, FWA) 算法、KM(Karnik-Mendel) 算法和模糊推理系统等, 这些是研究模糊逻辑系统的重要工具。

第 5 章基于目前的模糊算子大多没有考虑规则中前件集对后件集的相关性信息, 推理结果在某些情况下会出现不合理的情况, 提出模糊集面向后件集的变换 (object-oriented transform, O-O 变换) 的概念; 进而将 O-O 变换的概念引入模糊规则中的前件集, 提出具有清晰相关度的面向后件集的模糊推理 (consequent-oriented fuzzy inference with crisp relationship degree, COFI-CRD) 方法, 该方法可用于

Type-1 模糊逻辑系统、区间型 Type-2 模糊逻辑系统和一般型 Type-2 模糊逻辑系统。

第 6 章分析事物之间的模糊相关度,用模糊集的语言说,即模糊集之间的关联程度不易或不宜用一个清晰数来描述。本章采用 Type-1 模糊集对这种模糊相关度进行建模。为了将规则中前件集与后件集的模糊相关性信息引入模糊推理中,对模糊集 O-O 变换的概念进行推广,提出了合成 Type-2 模糊集的概念;进而对 COFI-CRD 的功能进行扩展,提出了具有模糊相关度的面向后件集的模糊推理 (consequent-oriented fuzzy inference with fuzzy relationship degree, COFI-FRD) 方法。

第 7 章基于上述两种推理方法 (COFI-CRD 和 COFI-FRD) 的思想,提出相关型模糊集的概念,并探讨它的一些特殊性质。同时,对其在 Type-1、区间型 Type-2 和一般型 Type-2 三种模糊逻辑系统中的应用进行了初步探索。

第 8 章对全书内容进行总结归纳,并对后续工作进行展望。

附录部分给出了本书所用到程序文件的源代码。

1.6 本 章 小 结

本章主要介绍了面向后件集的模糊推理机制的研究背景与意义、模糊推理和模糊算子的研究现状;重点总结了模糊推理和模糊算子的国内外研究现状,并针对目前模糊推理过程中存在的问题,提出在一个模糊集相互关联的环境下研究模糊集与模糊推理,同时在推理过程中加入前件集对后件集的相关性信息 (如影响程度、相关程度等),这种模糊推理更符合实际情况,也可以捕获到规则中更多的模糊信息,使得模糊推理结果更加合理,为模糊系统的设计提供了更大的自由度。

第2章 数学基础

2.1 引　言

现代数学是建立在集合论的基础上。集合论的重要意义在于，它把数学的抽象能力延伸到人类认识事物的过程中。一组对象确定一组属性，人们可以通过说明属性来说明概念 (内涵)，也可以通过指明对象来说明它。符合概念的那些对象的全体称为这个概念的外延，外延其实就是集合。从这个意义上讲，集合可以表现概念，而集合论中的关系和运算又可以表现判断和推理，一切现实的理论系统都有可能纳入集合描述的数学框架。

但是，数学的发展具有阶段性。经典集合只把自己的表现力限制在那些有明确外延的概念和事物上，它明确地限定：每个集合都必须由明确的元素构成，元素对集合的隶属关系必须是明确的，绝不能模棱两可。对于那些外延不分明的概念和事物，经典集合论无法描述。

在较长的时间里，精确数学及随机数学在描述自然界多种事物的运动规律中发挥着主要作用。但是，在客观世界中还存在着大量的模糊现象。人们在利用自然语言表述规则时，往往都包含模糊不清、半定性或半定量的词句，要使只认识数字的计算机能够理解这些 "模棱两可" 的语句，并根据这些规则仿照人们进行 "自动化" 控制，就一定要解决自然语言的模糊性和清晰数值之间的相互转化问题。另外，要将由传感器获得的数据纳入自然语言表达的规则，也必须把清晰数值转换到自然语言描述的 "模糊" 概念上。

模糊集理论的提出，使得清晰值和模糊值的相互转换成为可能。在模糊集理论的基础上发展而来的模糊数学成为经典数学与模糊现实世界之间的一条纽带，使得模糊的概念有了定理的表示方法，因此可以利用数学方法来研究模糊概念的规律和本质。

本章简单介绍模糊数学中与模糊控制关系密切的基本概念和基本原理，主要包括模糊集及其运算、模糊关系等模糊数学中的部分基础内容，这些均是基本的模糊数学基础知识，用于表述模糊概念、模糊值与清晰值的互相转换和模糊推理等。

2.2　清晰值的模糊化

人们经常会有这样的推理过程，根据"王某某体重 150 千克左右"，人们都会得出结论"王某某是大胖子!"，人脑可以把"体重 150 千克左右"中清晰的数值转换到模糊概念"大胖子"上，或者说映射到模糊概念"大胖子"上，这是人类智能的表现。怎样才能让计算机也会从事这种"智能"的映射 (或转换) 工作呢?

2.2.1　经典集合

数学是利用数值来表达自然事物及其相互关系的一门学科。为了表达错综复杂的现实世界，目前已诞生了多种不同的数学分支与流派，来处理自然界各种各样的客观事物，大致有三种数学模型。

第一种数学模型的特点是具有确定性，称为确定性数学模型。确定性数学模型经常用于表达具有清晰的确定性、概念界线明确、相互关系非此即彼的事物。这类清晰的事物可用精确的函数予以表达，如典型的数学学科有"数学分析""微分方程""解析几何"和"矩阵论"等重要的数学分支。

第二种数学模型的特点是具有随机性，称为随机性数学模型。随机性数学模型往往用于表达具有随机性或或然性的事物，这类事物本身具有确定性，但它是否发生是不确定的。事物是否发生具有随机性，对个别事物来说，原因相同结果可能不同，这打破了传统意义上的"因果律"。"概率论"是刻画这类事物的典型数学学科，"随机过程"等数学分支也是研究这类随机性事务的学科。这些研究随机性的数学学科，使数学的研究范围和应用范围从必然现象推广到偶然现象的领域。

第三种数学模型的特点是具有模糊性，称为模糊性数学模型。模糊性数学模型常常用于表达概念不清、隶属界线不明的事物，它的外延不明确，在概念的归属上不清晰。同一个事物，例如，"下雪"，既可隶属为"下大雪"，也可隶属为"下小雪"、"中雪"和"暴雪"等，中间的分界线十分模糊。传统的"排中律"(即同一个事物应该是"非此即彼") 在这些模糊的概念领域被打破了。"模糊数学"和"模糊逻辑"是刻画这类模糊事物的典型学科，这些学科是利用精确的数学方法描述、刻画、研究模糊事物，它们把数学的研究范围和应用范围从清晰概念领域推广到模糊概念领域。

确定性数学模型与随机性数学模型的共同点是研究的事物本身是确定的。随机性数学模型与模糊性数学模型的共同点是研究的事物本身都具有不确定性和不明确性，而它们不确定性的内涵又有所不同。例如，"明天可能会下大雪" 这是一个判断语句，既包含随机性的事件，又包含模糊性的事物。其中，"下雪" 这个概念本身是确定的，但 "下" 还是 "不下" 具有不确定性，即事件是否发生是不确定的，这是随机性的概念；而 "大雪" 也是不确定的，一场 "雪" 是否被认为是 "大雪"，划分界限并不明确，这种不确定性是事物本身归属上的模糊性。

1. 经典集合简介

经典数学的基础是 19 世纪德国数学家康托尔 (G. Cantor) 建立的集合理论。在经典集合论的基础上建立发展起来的二值数理逻辑，成为 20 世纪计算机科学的理论基础。作为模糊数学模型的基础——模糊集论，是在 Cantor 经典集合论的基础上发展起来的。

把研究对象的全体称为论域，经常用大写英文字母表示，如 U、V、E 等。论域中的每个元素常用小写英文字母表示，如 a, b, c, $\cdots$, x, y, z 等。具有 "非此即彼" 属性的全体元素构成一个明确的整体，称为集合。集合常用大写英文字母表示，如 A, B, C, $\cdots$, X, Y, Z 等。

经典集合 A 由映射 $C_A : U \to \{0,1\}$ 唯一确定。经常用特征函数 (或称为隶属度函数) $C_A(x)$ 来描述元素 x 与经典集合 A 之间的关系，这种关系要么是 0，要么是 1：

$$C_A(x) = \begin{cases} 1, & x \in A \\ 0, & x \notin A \end{cases}$$

或写成

$$A(x) = \begin{cases} 1, & x \in A \\ 0, & x \notin A \end{cases}$$

由此可见，对于集合 A 来说，论域中的每个元素要么属于 A，要么不属于 A，界限非常明确，绝不能含糊不清。

2. 经典集合的运算性质

设 A、B、C 为论域 U 上的三个集合，下列是常用的运算性质。

分配律：

$$A \cap (B \cup C) = (A \cap B) \cup (A \cap C)$$
$$A \cup (B \cap C) = (A \cup B) \cap (A \cup C)$$

结合律:

$$(A \cap B) \cap C = A \cap (B \cap C)$$
$$(A \cup B) \cup C = A \cup (B \cup C)$$

交换律:

$$A \cup B = B \cup A$$
$$A \cap B = B \cap A$$

吸收律:

$$(A \cap B) \cup A = A$$
$$(A \cup B) \cap A = A$$

幂等律:

$$A \cup A = A$$
$$A \cap A = A$$

同一律:

$$A \cup U = U$$
$$A \cap U = A$$

对偶律:

$$\overline{A \cup B} = \overline{A} \cap \overline{B}$$
$$\overline{A \cap B} = \overline{A} \cup \overline{B}^{C}$$

双重否定律:

$$\overline{A} = (A^{C})^{C}$$
$$(A^{C})^{C} = A$$

互补律:

$$A \cup A^{C} = A \cup \overline{A} = A$$
$$A \cap A^{C} = A \cap \overline{A} = \varnothing$$

2.2.2 模糊集

1. 模糊集概述

经典集合理论的研究对象都是具有明确性、清晰性、非此即彼性的事物。而自然界万物之间的差异并非全是清晰明确的, 也有 "亦此亦彼" 的特性, 尤其是两种不同事物位于中间过渡状态时, 就会表现出这种模棱两可性。事物的模糊性源于事物的发生、发展和变化的特性, 能描述自然界事物的动态特性, 比经典集合能更好地表达事物。

在自然现象和社会现象中, 普遍存在界限模糊不清的事物。例如, "胖子与瘦子""健康与不健康""天气的冷暖""漂亮与丑陋" 和 "高个子与低个子" 等。另外, 著名的 "沙堆悖论" 也是典型的例子。一粒沙子一定不是一堆, 两粒沙子也不是一堆, 三粒沙子也不是一堆, 一亿粒沙子一定是一堆。从一堆沙中每次拿走一粒, 剩下的沙子一定还是一堆, ……, 以此类推。沙子减少到什么时候才不是一堆呢? "一堆" 到底是多少粒?

模糊集理论是用清晰的数学方法来表达、研究模糊事物的数学理论, 其数学基础是 1965 年由 Zadeh 教授提出的模糊集概念。Zadeh 把经典集合理论的特征函数的取值范围由 {0,1} 推广到闭区间 [0,1], 认为一个事物属于某个集合的程度不应该只是 0 或 1, 应该可以是 0~1 的任一数值, 也就是说, 集合的特征函数的取值可以是 0~1 的任何值。基于这一思想, 提出了下面的模糊集定义。

在论域 U 上定义一个映射:

$$A: U \to [0,1], \quad x \mapsto \mu_A(x) \tag{2.1}$$

则称集合 A 为论域 U 上的模糊集, 并用 $\mu_A(x)$ 表示 U 中每个元素 x 隶属于集合 A 的程度, 称为元素 x 属于模糊集 A 的隶属度函数。当 x 是一个确定的元素 x_0 时, 称 $\mu_A(x_0)$ 为元素 x_0 对于模糊集 A 的隶属度。

该定义能够使用数学方法, 表示任一个元素属于一个界限模糊不清的集合的程度。考查一个实数域上的模糊集, 用模糊集 A 表示 "接近于 0 的数", 则 A 的隶属度函数可能是

$$A(x) = \begin{cases} 0, & x \leqslant -1 \\ x-1, & -1 < x \leqslant 0 \\ 1-x, & 0 < x \leqslant 1 \\ 0, & x > 1 \end{cases}$$

其隶属度函数的图像如图 2.1 所示。

模糊集 "接近于 0 的数" 的隶属度函数也可能是

$$A(x) = \begin{cases} \mathrm{e}^{-x^2}, & |x| < \delta \\ 0, & |x| \geqslant \delta \end{cases}$$

其隶属度函数的图像如图 2.2 所示。

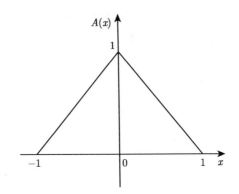

图 2.1　模糊集 "接近于 0 的数" 的隶属度函数 1

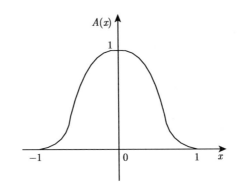

图 2.2　模糊集 "接近于 0 的数" 的隶属度函数 2

2. 模糊数

模糊数也是一种模糊集。把实数域上正规的凸模糊集称为模糊数。这里的 "正规模糊集" 指集合中至少有一个元素的隶属度等于 1。凸模糊集指模糊集的隶属度函数的曲线应该是凸的、单峰的，不能是凹的、双峰的或多峰的。凸模糊集的示意图如图 2.3 所示。

模糊数是实数域上的一类特殊的模糊集。模糊数的性质与一般模糊集相同。例如，大约 18 岁、15 米上下、100 千克左右等，都可以用模糊数表示。如果把 "大约 18 岁" 这个模糊概念用模糊集 A 来表示，则应有 $A(18) = 1$，也就是说 18 岁是 A 的核。无论年龄大于 18 岁，还是小于 18 岁，其属于 A 的程度都小于隶属度 1，这个模糊集 A 就属于凸模糊集。

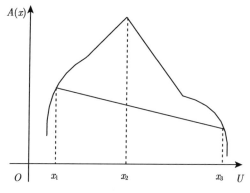

图 2.3 凸模糊集示意图

模糊数的表示方法与一般的模糊集相同。例如, 模糊数 10 和模糊数 12, 在连续论域上, 其隶属度函数可以是

$$10(x) = \mathrm{e}^{-\frac{(x-10)^2}{0.5}}, \quad 8 \leqslant x \leqslant 12$$

和

$$12(x) = \begin{cases} x - 10, & 10 \leqslant x \leqslant 12 \\ 14 - x, & 12 < x \leqslant 14 \end{cases}$$

3. 模糊集的表示

元素的隶属度刻画了论域上某个元素隶属于模糊集的程度。对于一个模糊集, 就要给出该论域上每个元素属于模糊集的程度 (隶属度函数)。因此, 隶属度函数是描述模糊集的核心要素, 用隶属度函数表示模糊集的常用方法有以下几种。

1) 序偶法

当模糊集的论域 U 为有限集 (或可数集) 时, 模糊集 A 可表示为

$$A = \{(x_i, A(x_i)) | x_i \in U, i = 1, 2, \cdots, n\}$$
$$= \{(x_1, A(x_1)), (x_2, A(x_2)), \cdots, (x_n, A(x_n))\}$$

2) Zadeh 法

当模糊集的论域 U 为有限集 (或可数集) 时, 模糊集 A 可表示为

$$A = \sum \frac{A(x_i)}{x_i}$$
$$= \frac{A(x_1)}{x_1} + \frac{A(x_2)}{x_2} + \cdots + \frac{A(x_n)}{x_n}, \quad i = 1, 2, \cdots, n$$

当模糊集的论域 U 为无限不可数集时，模糊集 A 可表示为

$$A = \int \frac{A(x)}{x}$$

在该表示法中，累加号、加号与积分号不表示累加、求和及积分，而表示在论域上组成模糊集的所有元素与其对应隶属度之间关系的总括；分数线也不表示除法关系，而表示某个元素与其隶属度的对应关系。

3) 矢量法

如果论域中的元素有限且有序，可以像向量一样，把各元素的隶属度排列起来表示模糊集，写成

$$A = (A(x_1), A(x_2), \cdots, A(x_n))$$

4) 函数法

如果论域 U 是无限不可数集，根据模糊集 A 的定义，可以用它的隶属度函数 $A(x)$ 来表示它，因为隶属度函数 $A(x)$ 可以表示全体元素 x 对于 A 的隶属程度。

2.3　隶属度函数及其确定方法

对于同一个模糊概念，不同人的理解可能不同，因此会选用不同的隶属度函数来刻画，也就是说，选用不同的模糊集来表示它。因为所选的模糊集不同，所以论域上的同一个元素，对于这些不同的模糊集，其隶属度就可能大不同，这表明模糊集带有很强的主观性。正是隶属度函数的这种主观性，才可以用来表达人们的经验与智慧。因此，对于同一个模糊事物，其隶属度函数会因人而有较大的不同。"人的思维和语言具有模糊性，而描述这种模糊性的模糊数学却是精确的"。采用模糊数学来描述人的思维，恰好能使这对矛盾得到有效统一。

2.3.1　隶属度函数的基本确定方法

目前，隶属度函数的具体确定方法大多还停留在实践、经验或实验数据的基础上，常用的隶属度函数的确定方法有以下几种。

1. 统计法

对所建立的模糊概念进行调查统计，确定各个元素属于该模糊集的程度。

2. 对比排序法

把论域里的元素两两对比，确定各个元素在某种特性下的大小顺序，依次给出这些元素对于该特性的隶属度函数的大致形状，再将该图形与常用的数学函数相比，最近似的作为其隶属度函数。

3. 专家经验法

根据专家和实际操作人员的经验、主观感知，再经过分析、演绎与推理，最后给出各个元素隶属于某个模糊集的程度。

4. 神经网络法

基于神经网络的学习功能，把大量实验数据作为某个神经网络器的输入数据，神经网络便会自动生成一个隶属度函数，经过神经网络的再学习，最后给定隶属度函数的参数，从而把隶属度函数确定下来。

2.3.2 常用隶属度函数

工程上用得较多的隶属度函数有 5 种，即三角形、梯形、钟形、高斯型和 Sigmoid 型，它们的表达式如式 (2.2)~式 (2.6) 所示，其中，a、b、c、d、σ 为确定隶属度函数具体形态的主要参数。

(1) 三角形:

$$f(x,a,b,c) = \begin{cases} 0, & x \leqslant a \\ \dfrac{x-a}{b-a}, & a < x \leqslant b \\ \dfrac{c-x}{c-b}, & b < x \leqslant c \\ 0, & x > c \end{cases} \tag{2.2}$$

式中，$a < b < c$。

(2) 梯形:

$$f(x,a,b,c,d) = \begin{cases} 0, & x \leqslant a \\ \dfrac{x-a}{b-a}, & a < x \leqslant b \\ 1, & b < x \leqslant c \\ \dfrac{d-x}{d-c}, & c < x \leqslant d \\ 0, & x > d \end{cases} \tag{2.3}$$

式中，$a \leqslant b$；$c \leqslant d$。

(3) 钟形：

$$f(x, a, b, c) = \frac{1}{1 + \left| \dfrac{x-c}{a} \right|^{2b}} \tag{2.4}$$

式中，c 决定函数的中心；a、b 决定函数的形状。

(4) 高斯型：

$$f(x, \sigma, c) = \mathrm{e}^{-\frac{(x-c)^2}{2\sigma^2}} \tag{2.5}$$

式中，c 决定函数的中心；σ 决定函数曲线的宽度。

(5) Sigmoid 型：

$$f(x, a, c) = \frac{1}{1 + \mathrm{e}^{-a(x-c)}} \tag{2.6}$$

式中，a、c 决定函数的形状，函数图形关于点 $(a, 0.5)$ 是中心对称的。

2.4　模糊集的运算

前面介绍了如何利用单个模糊集来表达模糊概念。实际生活中，有很多模糊概念无法用单个的模糊集来恰当描述，需要通过多个模糊集进行不同的"组合"才能实现。例如，"又高又大"这个模糊概念，相当于两个模糊集"高"和"大"的交集；"天气不冷"这个模糊概念，相当于模糊集"冷"的补集；"花红柳绿"这个模糊概念，相当于模糊集"花红"和"柳绿"的并集，等等。由此可见，通过模糊集的"运算"，可以处理内容更加复杂、更加具体的模糊事务。

2.4.1　模糊集的基本运算

与经典集合相似，模糊集的基本运算也有集合的交、集合的并、集合的补等运算。因为模糊集是由隶属度函数来刻画的，所以模糊集之间的运算，本质上就是对论域中各个元素的隶属度进行相应的运算。

1. 模糊全集

设论域为 U，如果对任意 $x \in U$，都有 $A(x) = 1$ 或 $A(x) \equiv 1$，则称 A 为论域 U 上的全集，记作 $A = U$。

2. 模糊空集

设论域为 U，如果对任意 $x \in U$，都有 $A(x) = 0$ 或 $A(x) \equiv 0$，则称 A 为模糊空集，记作 $A = \varnothing$。

从 2.2.2 节模糊集的定义容易看出，模糊全集和模糊空集均是经典集合，它们是一类特殊的模糊集，其每个元素的隶属度要么都等于 0，要么都等于 1。

3. 模糊集相等

设 A、B 是两个模糊集，对任意的 $x \in U$，都有 $A(x) = B(x)$，则称 A 与 B 相等，记作 $A = B$。

4. 模糊集的包含

设 A、B 是两个模糊集，对任意的 $x \in U$，都有 $A(x) \leqslant B(x)$，则称 A 包含于 B，或者 B 包含 A，记作 $A \subseteq B$ 或者 $B \supseteq A$。

5. 模糊集的并集

设 A、B、C 均为模糊集，对任意的 $x \in U$，都有 $C(x) \equiv A(x) \vee B(x) = \max(A(x), B(x))$，则称 C 为 A 和 B 的并集，记作 $C = A \cup B$。式中的 "$\vee$" 表示对两边数字的取大运算。

6. 模糊集间的交集

设 A、B、C 均为模糊集，对任意的 $x \in U$，都有 $C(x) \equiv A(x) \wedge B(x) = \min(A(x), B(x))$，则称 C 为 A 和 B 的交集，记作 $C = A \cap B$。式中的 "$\wedge$" 表示对两边数字的取小运算。

7. 模糊集的补集

设 A、B 是两个模糊集，对任意的 $x \in U$，都有 $A(x) = 1 - B(x)$，则称 A 为 B 的补集和，记作 $A = \overline{B}$ 或 $A = B^{C}$。

因为模糊集完全由它的隶属度函数所刻画，所以两个模糊集的运算，实质上是对逐个元素的隶属度做相应的运算。下面举例说明。

设 $X = \{x_1, x_2, x_3, x_4\}$，$A$、$B$ 是 X 上的两个模糊集，且 $A = \dfrac{0.7}{x_2} + \dfrac{1}{x_3} + \dfrac{0.4}{x_4}$，$B = (0.5, 0.2, 0, 0.8)$，则有

$$A \cup B = \frac{0 \vee 0.5}{x_1} + \frac{0.7 \vee 0.2}{x_2} + \frac{1 \vee 0}{x_3} + \frac{0.4 \vee 0.8}{x_4}$$

$$= \frac{0.5}{x_1} + \frac{0.7}{x_2} + \frac{1}{x_3} + \frac{0.8}{x_4}$$

$$A \cap B = \frac{0 \wedge 0.5}{x_1} + \frac{0.7 \wedge 0.2}{x_2} + \frac{1 \wedge 0}{x_3} + \frac{0.4 \wedge 0.8}{x_4}$$

$$= \frac{0.2}{x_2} + \frac{0.4}{x_4}$$

$$A^{\mathrm{C}} = \frac{1-0}{x_1} + \frac{1-0.7}{x_2} + \frac{1-1}{x_3} + \frac{1-0.4}{x_4}$$

$$= \frac{1}{x_1} + \frac{0.3}{x_2} + \frac{0.6}{x_4}$$

$$A \cup A^{\mathrm{C}} = \frac{0 \vee 1}{x_1} + \frac{0.7 \vee 0.3}{x_2} + \frac{1 \vee 0}{x_3} + \frac{0.4 \vee 0.6}{x_4}$$

$$= \frac{1}{x_1} + \frac{0.7}{x_2} + \frac{1}{x_3} + \frac{0.6}{x_4}$$

$$A \cap A^{\mathrm{C}} = \frac{0 \wedge 1}{x_1} + \frac{0.7 \wedge 0.3}{x_2} + \frac{1 \wedge 0}{x_3} + \frac{0.4 \wedge 0.6}{x_4}$$

$$= \frac{0}{x_1} + \frac{0.3}{x_2} + \frac{0.4}{x_4}$$

通过例子可以发现，$A \cup A^{\mathrm{C}}$ 并不是全集，$A \cap A^{\mathrm{C}}$ 并不是空集，这说明模糊集的运算与经典集合的运算是不同的。

2.4.2　模糊集的运算规律

两个模糊集的运算，本质上是逐个元素对其隶属度做相应的运算，由此可以得出一些基本规律，这些规律在模糊集的运算过程可以简化模糊集的运算。

设 A、B、C 是论域 U 上的模糊集，则具有如下规律。

分配律：

$$A \cap (B \cup C) = (A \cap B) \cup (A \cap C)$$
$$A \cup (B \cap C) = (A \cup B) \cap (A \cup C)$$

结合律：

$$(A \cap B) \cap C = A \cap (B \cap C)$$
$$(A \cup B) \cup C = A \cup (B \cup C)$$

交换律：

$$A \cup B = B \cup A$$
$$A \cap B = B \cap A$$

吸收律：

$$(A \cap B) \cup A = A$$
$$(A \cup B) \cap A = A$$

幂等律：

$$A \cup A = A$$
$$A \cap A = A$$

同一律：

$$A \cup U = U, \quad A \cap U = A$$
$$A \cup \varnothing = A, \quad A \cap \varnothing = \varnothing$$

对偶律：

$$\overline{A \cup B} = \overline{A} \cap \overline{B}$$
$$\overline{A \cap B} = \overline{A} \cup \overline{B}^{\mathrm{C}}$$

双重否定律：

$$\overline{A} = (A^{\mathrm{C}})^{\mathrm{C}}$$
$$(A^{\mathrm{C}})^{\mathrm{C}} = A$$

由以上公式可知，模糊集的运算规律与经典集合的运算规律几乎一样，只是经典集合中的互补律，在模糊集的运算中不成立。这是因为模糊集破坏了经典集合的"排中律"。

2.4.3 模糊集运算的其他定义

以前介绍的模糊集运算的定义，大都是由 Zadeh 提出的。这些运算的定义在一定意义上可以有效处理很多模糊事物。然而，自然界的模糊事物纷繁复杂、千差万别，在某些情况下，用 Zadeh 提出的运算方法解决起来就不太恰当。例如，用 A 代表 "有品德" 这个模糊概念，用 B 代表 "有才能" 这个模糊概念，现有 a、b 两个人，他们对于 A、B 的隶属度分别为 $A(a) = 0.9$、$B(a) = 0.6$、$A(b) = 0.6$ 和 $B(b) = 0.6$。假设用 "德才兼备" 的标准在 a、b 中选用一人，根据 Zadeh 算法有 $(A \cap B)(a) = 0.9 \wedge 0.6 = 0.6$，$(A \cap B)(b) = 0.6 \wedge 0.6 = 0.6$，推理的结论是 a 和 b 一样优秀，而实际上 a 比 b 好很多。由此可见，由 "取大取小" 定义的模糊集的交运算在模糊推理过程中有时会遗漏一些信息,并不能很好、全面地反映客观实际情况和人们的主观认知。

为了克服常见的交运算和并运算的不足,考虑生活实际中的不同需求,根据"实践是检验真理的标准",人们对模糊集的"交运算"和"并运算"又提出了多种不同的定义。这些定义可以看作经典集合中"交运算"和"并运算"的推广,利用这些不同的定义可以处理不同的模糊事物。表 2.1 是几种常见的交运算和并运算的新定义。

表 2.1   几种常见的交运算和并运算的新定义

算法名称	符号	$(A \cup B)(x), (A \cap B)(x)$
Zadeh 算法	$\vee, \wedge$	$(A \cup B)(x) = A(x) \vee B(x) = \max(A(x), B(x))$
		$(A \cap B)(x) = A(x) \wedge B(x) = \min(A(x), B(x))$
代数和与代数积算法	$\hat{+}, \cdot$	$(A \cup B)(x) = A(x) \hat{+} B(x) = A(x) + B(x) - A(x)B(x)$
		$(A \cap B)(x) = A(x) \cdot B(x) = A(x)B(x)$
有界和与有界积算法	$\oplus, \otimes$	$(A \cup B)(x) = A(x) \oplus B(x) = \min(A(x) + B(x), 1)$
		$(A \cap B)(x) = A(x) \otimes B(x) = \min(0, A(x) + B(x) - 1)$
爱因斯坦和与积算法	$\hat{\varepsilon}, \dot{\varepsilon}$	$(A \cup B)(x) = A(x) \overset{+}{\varepsilon} B(x) = \dfrac{A(x) + B(x)}{1 + A(x)B(x)}$
		$(A \cap B)(x) = A(x) \dot{\varepsilon} B(x) = \dfrac{A(x)B(x)}{1 + (1 - A(x))(1 - B(x))}$

2.5   模糊值的清晰化

人们在用自然语言进行信息传递及制定决策时,传递的大部分都是模糊的信息,例如,"迅速加热"和"快点关闭阀门"等,无论是机器人还是自然人,都很难根据这些信息进行具体操作。在工程实际中,要执行这些命令,必须给出明确清晰的指令。例如,把"迅速加热"换成"迅速加热 50℃"、把"快点关闭阀门"换成"快点右转阀门 30°",这样就可以操作了。这说明在实施具体的措施时,需要把模糊信息转换成清晰信息,用数学语言说,即要把模糊集转化成经典集合或清晰值,这就是所说的"清晰化""反模糊化"或"非模糊化"。

在将一个模糊集转化 (或者映射) 成一个数值时, 这个数值应该为该模糊集中的某个点, 这个点在某种意义下能作为该模糊集的代表, 称这种转换为模糊

集的 "清晰化" 或者 "反模糊化"。清晰化的方法有多种, 无论是哪种方法, 都应该 "言之有理" "计算简便", 并且要有连续性和代表性。以下介绍几种常见的清晰化方法。

2.5.1 面积中心法

在利用面积中心法对模糊集进行清晰化时, 要确定模糊集的隶属度函数图像与横坐标轴围成区域面积的中心, 以这个中心的横坐标作为整个模糊集的代表。

设 A 为论域 U 上的模糊集, 其隶属度函数为 $A(u)$。假设隶属度函数与横坐标轴围成区域的中心的横坐标是 u_c(图 2.4), 那么按照中心法的定义, u_c 可以按如下公式确定:

$$u_c = \frac{\displaystyle\int_U A(u)u\mathrm{d}u}{\displaystyle\int_U A(u)\mathrm{d}u} \tag{2.7}$$

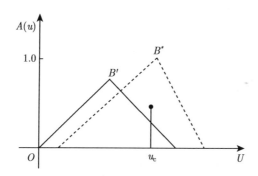

图 2.4 连续论域上重心法清晰化

对于离散的论域 $U = (u_1, u_2, \cdots, u_n)$, 设 u_i 处的隶属度为 $A(u_i)$, 那么 u_c 可以按如下公式确定:

$$u_c = \frac{\displaystyle\sum_{i=1}^{n} u_i A(u_i)}{\displaystyle\sum_{i=1}^{n} A(u_i)} \tag{2.8}$$

2.5.2 面积平分法

利用面积平分法对模糊集进行清晰化, 首先要确定模糊集的隶属度函数曲线与横坐标轴围成的区域面积, 然后确定将该面积平均分为两份的平分线, 用该平分线的横坐标值代表该模糊集。

设 A 为论域 U 上的模糊集, 其隶属度函数为 $A(u)$。假设隶属度函数与横坐标轴围成图形的平分线的横坐标是 u_b, 那么按照面积平分法的定义, u_b 可以由式 (2.9) 确定, 设 $u \in [a,b]$, 有

$$\int_a^{u_\text{b}} A(u)\mathrm{d}u = \int_{u_\text{b}}^b A(u)\mathrm{d}u = \frac{1}{2}\int_a^b A(u)\mathrm{d}u \tag{2.9}$$

对于离散的论域 $U = (u_1, u_2, \cdots, u_n)$, 隶属度函数与横坐标轴围成的图像大多数为三角形、梯形或者矩形, 此时只要求出对应于面积一半的垂直于横坐标轴的直线即可。

2.5.3 最大隶属度法

多数情况下, 模糊集并不都为正规的和凸的模糊集, 隶属度函数也大多不是连续的曲线。因此, 利用隶属度最大的点对应的元素来代表模糊集是一种最简单的方法, 称为最大隶属度法。

最大隶属度法也会遗漏模糊集的信息, 属于以点代面, 没有把隶属度函数的所有信息考虑进去。特别地, 有些模糊集是由多个模糊集的并构成的, 它的隶属度函数曲线在多处都可以取得最大值, 这就需要对这些取最大值的元素进行一定意义的组合, 构造一个新的点来作为该模糊集的代表。常见的方法有以下三种。

1. 平均值法

利用最大隶属度平均值法对模糊集进行清晰化, 就是将取得最大隶属度的点的平均值 u_m 作为整个模糊集的代表。

设 $A(u_i) = \max(A(u)), i = 1, 2, \cdots, n$, 具有最大隶属度的点有 n 个, 则取

$$u_\text{m} = \frac{\sum_{i=1}^n u_i}{n} \tag{2.10}$$

2. 最大值法

利用最大隶属度最大值法对模糊集进行清晰化, 就是在取得最大隶属度的点中, 取绝对值最大的点 u_l 作为整个模糊集的代表。

设 $A(u_i) = \max(A(u)), i = 1, 2, \cdots, n$, 具有最大隶属度的点有 n 个, 则取

$$|u_\text{l}| = \max(|u_i|) \tag{2.11}$$

3. 最小值法

利用最大隶属度最小值法对模糊集进行清晰化, 就是在取得最大隶属度的点中, 取绝对值最小的点 u_s 作为整个模糊集的代表。

设 $A(u_i) = \max(A(u)), i = 1, 2, \cdots, n$, 具有最大隶属度的点有 n 个, 则取

$$|u_s| = \max(|u_i|) \tag{2.12}$$

2.6 本章小结

本章主要介绍了书中用到的相关数学基础知识; 重点讲述了模糊隶属度函数及其表示方法、模糊集的运算和对模糊值的清晰化方法。在模糊集理论方面, 为了实现清晰值和模糊值的相互转化, 首先简要概述了清晰值的模糊化过程; 然后介绍了模糊化过程中用到的隶属度函数及其确定方法; 接着给出了模糊集的基本运算; 最后阐述了从模糊值到清晰值的转化方法。这些相关知识可为后期的模糊推理提供重要的理论支撑。

第3章 逻辑学基础

3.1 引 言

当控制系统的变量和规模较小且能给出其精确的动力学方程时，微分方程和差分方程是一种有力的分析与综合的数学工具。当控制系统的规模较大且动态行为较复杂时，就很难给出系统精确的数学模型，在某些情况下甚至是不可能的。此时，微分方程和差分方程对系统的控制就显得无能为力。要对这类复杂的系统进行有效的控制，就要另辟蹊径。在工程实践中，人们经过长期的经验积累，发现利用人类智能可以建立一套采用自然语言表达的操作规则，按照这种操作规则，对复杂系统进行控制能取得满意的效果，因此就诞生了模糊控制。

自然语言具有模糊性，用自然语言描述的操作规则很自然地具有模糊性。与求解微分方程和差分方程相似，对这些模糊规则也需要"求解"，这种求解要借助模糊逻辑推理作为工具。人们把这种利用具有模糊性的语言规则对系统进行的控制，称为模糊逻辑控制 (简称模糊控制)。

模糊逻辑控制是以模糊集理论和模糊逻辑推理为基础，借鉴经典控制理论，来表达人类思维的一种计算机控制方法，其核心是模糊规则的建立和基于模糊规则的模糊逻辑推理。模糊规则是由诸如"如果……，那么……"形式的模糊条件判断语句构成的，它是人们操作经验的具体反映，功能就像微分方程组和差分方程组在经典控制理论中的作用。模糊逻辑推理是以二值逻辑为基础建立起来的一种不确定性的推理方法，它是在模糊判断前提条件下进行逻辑推理，得出模糊结论。模糊逻辑控制研究的主要内容是，怎样让机器代替人去"理解"模糊规则，并进行模糊逻辑推理，得出结论，最终实现系统的自动控制。

3.2 二值逻辑

逻辑学的研究对象是概念、判断和推理。在逻辑学看来，概念是一种体现事物本质属性的思维方式。例如，书籍、高、低、美、丑都是概念。判断是概念与概念的组合。例如，书籍有益于美化人的心灵、黑夜过后是黎明、物极必反、滴水能穿石等都属于判断。判断只陈述，不涉及正确与否。推理是判断与判断的组合。例如，"书籍有益于美化人的心灵，她博览群书，心灵一定很美丽" "黑夜过后是黎明，现在是午夜 12 点，马上就黎明了" "他高兴过头了，心脏可能会受不了" "滴水能穿石，他坚持练字长达十余年，现在的书法应该很漂亮了" 等就是推理。

数学与逻辑学的成功结合诞生了数理逻辑。数理逻辑采用符号化的语言来表达人们的自然语言，是一种研究明确判断和明确推理的量化方法。数理逻辑认为，任意一个判断在逻辑上只能是要么 "真"，要么 "假"，两者必居其一，绝不能处于模棱两可的中间状态。

3.2.1 判断

命题是描述事物的一种思维形态，陈述事物的某种性质、状况、与其他事物之间的区别和联系等。例如，"有四条腿的都是动物" "你的身高是 180 厘米" "1+1=3" 和 "女人都是人" 等都是命题。

判断是对命题的真假性给予明确论断。需要注意的是，如果根据现有的事实不能断定命题对错，则不属于判断。例如，哥德巴赫猜想 (任意一个大于 2 的偶数都可分成两个素数的和)、"有外星人" 等就不是判断。

在二值逻辑中，把意义清晰、真假特性明显的语句均认为是命题。通常用大写英文字母来表示命题，命题的 "真值" 表明命题的 "真假"。例如，命题 P 的真值用 $T(P)$ 表示，$T(P)$ 表示命题 P "真" 的程度。在二值逻辑中，命题 P 的真值在 0 和 1 中取值。$T(P) = 0$ 表示命题 P 不成立，即 "假"；$T(P) = 1$ 表示命题 P 成立，即 "真"。

有时，人们为了描述更加复杂的意思，需要将多个简单的命题组合起来构成复杂的语句。把多个简单命题组合起来的词句称为连接词，由连接词组合起来的复合语句称为复合命题，复合命题比简单命题更能表达内容丰富的逻辑语句。例如，把 "这个人是个高个子" "这个人很富有" 和 "这个人长得很帅" 这三个命题通过连接词组合起来构成 "这个人是个高富帅"。这类复合命题的含义更加宽泛，更加接近人们的实际生活。

表 3.1 列出了常见的命题连接词及其符号和意义。

表 3.2 列出了二值逻辑中的简单命题及由这些简单命题通过连接词组合的常用复合命题的真值。

表 3.1   常见的命题连接词及其符号和意义

连接词	符号	举例 (P、Q 为简单命题)
与	$\wedge$，读作 "合取"	$P \wedge Q$，命题 P、Q 同时为真，$P \wedge Q$ 为真
或	$\vee$，读作 "析取"	$P \vee Q$，命题 P、Q 有一为真，$P \vee Q$ 为真
非	$^-$，读作 "否定"	$\overline{P}$，"真" 变 "假"，"假" 变 "真"
蕴涵	$\rightarrow$，读作 "蕴涵"	$P \rightarrow Q$，若 P 则 Q，构成一个条件命题
等价	$\leftrightarrow$，读作 "等价"	$P \leftrightarrow Q$，命题 P 和 Q 有 "当且仅当" 的关系

表 3.2   逻辑真值表

$T(P)$	$T(Q)$	$T(\overline{P})$	$T(P \wedge Q)$	$T(P \vee Q)$	$T(P \rightarrow Q)$	$T(P \leftrightarrow Q)$
1	1	0	1	1	1	1
1	0	0	0	1	0	0
0	1	1	0	1	1	0
0	0	1	0	0	1	1

在常用的连接词中，用得最多的是 "蕴涵" 连接词。由于其用法与日常生活中的用法习惯有所出入，这里特别说明一下。日常生活中的很多语句 (或者命题)，都可以归结为 "$P \rightarrow Q$" 型的复合命题。例如，"一个人没有喉结，她就是女性"，这是一个条件关系的复合语句；"气温升到 40℃，人们就会感觉非常热"，这是一个因果关系的复合命题；"因为发动机出故障了，所以车速就为零"，这是一个推理关系的复合命题；"如果三角形的三边相等，那么这个三角形的三个角也相等"，这也是一个推理关系的复合命题；"他睡醒了，就起床了"，这是一个动作并列关系的复合命题，等等。对 "$P \rightarrow Q$" 型的复合命题进行抽象，提取其本质的共性，规定：无论 P 和 Q 有没有实际的联系，该命题只有一种真假依赖关系。

(1) 当 P 为真时，Q 一定为真。

(2) 当 P 为真、Q 为假时，该命题为假。

(3) 当 P 为假时，不管 Q 是真是假，该命题都为真。

这样定义的蕴涵关系 "如果 P，那么 Q" 称为真值蕴涵，以此区别传统形式逻辑中的蕴涵关系。

常用的蕴涵关系中，真值蕴涵的定义与生活中的某些习惯相冲突，例如，复合命题 "如果 1+1=3，那么猴子会笑" 和 "如果 1+1=3，那么猴子不会笑"，按照真值蕴涵的定义, 这两个命题都是对的, 因为前提条件 1+1=3 是错误的, 所以不管结论是真是假, 该复合命题都为真。但是, 只要对这两个命题稍加修改, 就不会发生与实际不符的奇怪现象了。例如, "即使 1+1=3, 猴子也不会笑" 和 "如果 1+1=3, 那么猴子就会笑"。由此可见, 真值蕴涵包含了语言中本质的东西, 因此具有高度的概括性, 可满足逻辑本质要求的普适性要求。

例如, "如果温度高于 100℃, 那么关闭电源"。如果用 P 表示 "温度高于 100℃", 用 Q 表示 "关闭电源", 用 R 表示 "如果温度高于 100℃, 那么关闭电源", 则命题 R 有以下四种取值。

当 $T(P) = 1$ 时, $T(Q) = 1$, 那么 $T(R) = 1$。"温度高于 100℃, 关闭电源", 逻辑是正确的。

当 $T(P) = 1$ 时, $T(Q) = 0$, 那么 $T(R) = 0$。"温度高于 100℃, 没有关闭电源", 逻辑是错误的。

当 $T(P) = 0$ 时, $T(Q) = 1$, 那么 $T(R) = 1$。"温度不高于 100℃, 关闭电源", 逻辑是正确的。

当 $T(P) = 0$ 时, $T(Q) = 0$, 那么 $T(R) = 1$。"温度不高于 100℃, 没有关闭电源", 逻辑是正确的。

值得注意的是, 对于后两种情况, $T(P) = 0$, 说明命题 P 为假, 但这并不能否定命题 Q 的意义。因此, 在 "温度不高于 100℃" 的条件下, 无论是否关闭电源, 整个复合命题在逻辑意义上均是正确的。

3.2.2 推理

推理是这样一种思维过程: 由已知命题, 根据某种法则得到一个新的命题, 换句话说, 这种思维活动是由已知的条件推出未知的结果。一种推理组成一种判断系统, 这种判断系统可以获得新的知识 (判断)。在判断系统中, 已知的判断命题称为前件, 通过推理而得到的结果称为后件, 根据前件来推断后件的真假与否。

在推理过程中, 如果前件是清晰的命题, 根据严格的逻辑规则推导出新的清晰命题, 这样的推理称为清晰推理。清晰推理有三种类型: 演绎推理、归纳推理和类比推理。演绎推理是从一般到特殊的思维过程; 归纳推理是从特殊到一般的思维过程; 类比推理是从特殊到特殊的思维过程。其中, 演绎推理用得最多。

演绎推理就是以一般的原则、原理为前提条件 (即前件), 推得在某个特殊情况下的结论 (即后件) 的推理过程。在演绎推理中, 经常用的是三段论式的推理方式。三段论也称为直言三段论，直观地讲，三段论是由两个前件推导出一个后件的推导方法，其中两个前件中，一个作为大前提，另一个作为小前提，两者由共同的概念相关联。推导形式如下所示。

大前提：条件命题或假言判断

小前提：简单命题

———————————————————

结论：新命题

例如，

大前提：法律规定，未满 18 周岁的人都是未成年人

小前提：张三今年 16 周岁

—————————————————————————

结论：从法律上讲，张三是未成年人

又如，

大前提：《中华人民共和国道路交通安全法》规定，未取得驾照的人不得驾车上路

小前提：李四有驾照

————————————————————————————————

结论：根据《中华人民共和国道路交通安全法》规定，李四可以驾车上路

在二值逻辑的世界中，所涉及的命题、概念和推理都必须是清晰明确的，因此二值逻辑推理不能很好地应用于现实世界。"秃子悖论"是典型的反例。建立一条清晰而明确的推理规则：比秃子多一根头发的人还是秃子。照此推理，如果第 1 个人比秃子多一根头发，那么他是秃子，这没问题。如果第 2 个人比第 1 个人多一根头发，那么第 2 个人也是秃子，这仍没问题。以此类推，如果第 n 个人比第 $n-1$ 个人多一根头发，$n=3,4,\cdots\cdots$，100000 万，那么第 100000 万个人也是秃子，这就与常理相违背了。错误的根源在哪里呢？问题在于"秃子"这个概念是一个模糊的概念，无法定义到底少于几根头发的人是秃子，多于几根头发的人不是秃子。

现实世界中的事物概念并不都是清晰明确的，大量的概念都具有模糊性。因此，要对模糊概念进行判断和逻辑推理，就必须利用模糊逻辑对模糊命题进行表达、推断和思维。

3.3 模 糊 算 子

与清晰明确的语言相比,模糊语言具有十分强大的表达能力。在用自然语言表达事物时,经常用到量词和程度副词等概念,有时为了加强语气或者突出重点,需要在这些量词和程度副词前面加上限定词、修饰词作为定语。此外,有时也需要用或者、且、并且等把这些量词和程度副词连接起来构成新的模糊词语。在模糊逻辑推理中,这类限定词和连接词可用模糊算子来表达。把模糊算子与一些表示模糊概念的模糊集结合起来,可以表达新的模糊概念。下面是几种常用的模糊算子及其用法。

3.3.1 否定模糊算子

设 A 表示 "老" 这个模糊概念,其隶属度函数为 $A(x)$,加上否定模糊算子成为新的模糊词语 "不老",设它的隶属度函数为 $N(x)$,$N(x)$ 就是 "老" 的隶属度函数 $A(x)$ 的补集:

$$N(x) = \bar{A}(x) = 1 - A(x)$$

进一步,假设 "老" 的隶属度函数 $A(x)$ 为

$$A(x) = \begin{cases} 0, & 40 < x \leqslant 55 \\ \left[1 + \left(\dfrac{x-55}{5}\right)^{-2}\right]^{-1}, & x > 55 \end{cases}$$

那么,"不老" 的隶属度函数 $N(x)$ 为

$$N(x) = \begin{cases} 1, & 40 < x \leqslant 55 \\ 1 - \left[1 + \left(\dfrac{x-55}{5}\right)^{-2}\right]^{-1}, & x > 55 \end{cases}$$

3.3.2 语气模糊算子

设表示原词语的模糊集的隶属度函数为 $A(x)$,添加语气词得到的新词语的模糊集的隶属度函数为 $N(x)$,用 λ 表示语气词。常用下面的隶属度函数来表示新的模糊集的隶属度函数:

$$N(x) = A^{\lambda}(x) \tag{3.1}$$

一般地，当 $\lambda < 1$ 时，原有词语的含义得到弱化；当 $\lambda > 1$ 时，原有词语的含义得到强化。表 3.3 是人们较为认可的 λ 取值与语气词的对应关系，在具体使用时，可根据自己的主观判断和实际情况加以修正。

表 3.3　常用语气词的取值

语气词	极	非常	很	较	略	稍微
λ 取值	4	2	1	0.75	0.5	0.25

例如，设 "老" 的隶属度函数 $A(x)$ 为

$$A(x) = \begin{cases} 0, & 40 < x \leqslant 55 \\ \left[1 + \left(\dfrac{x-55}{5}\right)^{-2}\right]^{-1}, & x > 55 \end{cases}$$

那么，加上语气词 "极" 构成 "极老" 的隶属度函数为

$$A^2(x) = \begin{cases} 0, & 40 < x \leqslant 55 \\ \left[1 + \left(\dfrac{x-55}{5}\right)^{-2}\right]^{-2}, & x > 55 \end{cases}$$

加上语气词 "较" 构成 "较老" 的隶属度函数为

$$A^2(x) = \begin{cases} 0, & 40 < x \leqslant 55 \\ \left[1 + \left(\dfrac{x-55}{5}\right)^{-2}\right]^{-0.75}, & x > 55 \end{cases}$$

加上语气词 "稍微" 构成 "稍微老" 的隶属度函数为

$$A^2(x) = \begin{cases} 0, & 40 < x \leqslant 55 \\ \left[1 + \left(\dfrac{x-55}{5}\right)^{-2}\right]^{-0.25}, & x > 55 \end{cases}$$

另外，在原模糊词语前面还可以加上如 "差不多" "好像" "似乎" 和 "大约" 等语气词，使原模糊词语更加模糊。

3.4 近 似 推 理

在错综复杂的自然语句中，有大量的语句可用模糊命题描述，尤其是通过连接词组合成的复合模糊命题，这样模糊语句的表达能力更强、更贴近人们的语言习惯。为了让机器能够方便地识别模糊命题并进行模糊推理，对其进行符号化处理是非常必要的。因此，在解决具体的工程实际问题时，对操作规则的描述、总结和归纳尽量使用规范化的模糊命题并用符号表示。在表达实际的操作经验时，蕴涵连接词是一种最常用的构成复合模糊命题的方法，即把操作经验和规则表达成 "如果……，那么……" 或者 "若……，则……" 的句型，这是构成模糊规则常用的语言模型。最常用的两种基本模糊条件命题是 "若 a 是 A，则 u 是 U" 和 "若 a 是 A 并且 b 是 B，则 u 是 U"。

3.4.1 基本模糊条件语句

1. 若 a 是 A，则 u 是 U

这类模糊命题在工业实践中用得最多，例如，"如果温度偏低，则加大电压" "如果温度偏高，则降低电压" 等诸如此类 "满足某个条件，采取某种措施" 的操作规则。这类模糊命题通常简单表示为 "$A \to U$"。

对于 "若 a 是 A，则 u 是 U" 这类命题，二值逻辑理论对其真值的计算公式如下：

$$
\begin{aligned}
R &= T(A \to U) \\
&= (1 - T(A))\,()\lor (T(A) \land T(U)) \\
&= T(\bar{A}) \lor (T(A) \land T(U))
\end{aligned}
\tag{3.2}
$$

在模糊逻辑里，要计算这类模糊命题的真值，可对式 (3.2) 进行改进。首先要把二值逻辑的真值域由 $\{0,1\}$ 推广到 $[0,1]$，然后把一些符号做相应的修改：把命题的真值 R、简单命题 A 的真值 $T(A)$ 和简单命题 U 的真值 $T(U)$ 分别修改为 $R(a,u)$、$A(a)$ 和 $U(u)$。因此，在模糊逻辑里，"若 a 是 A，则 u 是 U" 这类命题真值的计算公式为

$$
\begin{aligned}
R(a,u) &= (A \to U)\,((a,u)) \\
&= (1 - A(a)) \lor (A(a) \land U(u))
\end{aligned}
$$

$$=\bar{A}(a) \vee (A(a) \wedge U(u)) \tag{3.3}$$

式 (3.3) 是 Zadeh 从二值逻辑的计算公式 "移植" 而来的，随后又对其进行了改进，得到更为简便的有界和计算公式：

$$
\begin{aligned}
R(a,u) &= (A \to U)\,((a,u)) \\
&= 1 \wedge ((1 - A(a) + U(u)) \tag{3.4}
\end{aligned}
$$

2. 若 a 是 A 并且 b 是 B，则 u 是 U

这类模糊命题代表如下类型的操作经验，"如果温度偏低并且温度下降很快，则快速加大电压" "如果温度偏高并且温度上升很快，则快速降低电压" "如果温度偏高并且温度上升适中，则中速降低电压" "如果温度偏低并且温度下降适中，则中速升高电压" 等诸如 "满足条件 1 并且满足条件 2，采取某种措施" 的此类操作规则。这类模糊命题通常简单表示为 "$A \wedge B \to U$"。

模糊条件命题 "$A(a) \wedge B(b) \to U(u)$" 表达了 a、b 和 u 三者之间的模糊蕴涵关系，经常用两种方法计算其真值。

一种方法是直接把二值逻辑中的蕴涵关系 $R : A(a) \wedge B(b) \to U(u)$

$$R = \left(T(\overline{A}) \vee T(\overline{B})\right) \vee (T(A) \wedge T(B) \wedge T(U)) \tag{3.5}$$

移植到模糊逻辑里 (只是简单地把其中的符号做了变动，同时将逻辑域 $\{0,1\}$ 改为 $[0,1]$)，得到如下的真值计算公式：

$$R(a,b,u) = ((1 - A(a)) \vee (1 - B(b))) \vee (A(a) \wedge B(b) \wedge U(u)) \tag{3.6}$$

另一种方法是去掉式 (3.6) 中的 $(1 - A(a)) \vee (1 - B(b))$，得到如下的计算公式：

$$R(a,b,u) = A(a) \wedge B(b) \wedge U(u) \tag{3.7}$$

这种做法的根据是：只有 $A(a)$ 和 $B(b)$ 都很小时，去掉的部分 $(1 - A(a)) \vee (1 - B(b))$ 才起作用。但此时在剩余部分式 (3.7) 中，$A(a)$ 和 $B(b)$ 已经起着决定性作用，因此在计算该模糊命题时，完全可以忽略 $(1 - A(a)) \vee (1 - B(b))$ 的影响。

根据式 (3.7)，容易推导出下述情况下的 $R : A(a) \wedge B(b) \to U(u)$ 的计算方法。

若 A、B、U 均为离散论域上的模糊集, 此时 $A(a)$、$B(b)$、$U(u)$ 均能用矩阵表示, 从而可以根据式 (3.7) 采用 $A(a)$、$B(b)$、$U(u)$ 中所有元素逐对取小的方法求出 $R(a,b,u)$。假设论域 $P = (a_1, a_2, \cdots, a_p)$, $Q = (b_1, b_2, \cdots, b_q)$, $N = (u_1, u_2, \cdots, u_n)$, 已知 A、B、U 分别是论域 P、Q、N 上的模糊集, 那么可取

$$A(a) = (A(a_1), A(a_2), \cdots, A(a_p))$$

$$B(b) = (B(b_1), B(b_2), \cdots, B(b_q))$$

$$U(u) = (U(u_1), U(u_2), \cdots, U(u_n))$$

从而有

$$R(a,b,u) = A(a) \wedge B(b) \wedge U(u)$$
$$= (A(a) \wedge B(b) \wedge U(u)) \tag{3.8}$$

接下来, 可由类似矩阵的乘法进行求解, 只需将矩阵乘法中的 "乘法" 改为 "取小运算", 将 "加法" 改为 "取大运算"。

3.4.2 近似推理及其合成

如前所述, 在经典的逻辑三段论中, 所涉及的概念和命题都必须是清晰明确的。模糊逻辑推理是把二值逻辑的三段论推理中所涉及的清晰命题和清晰概念, 均换成模糊性的命题和概念。这种模糊性的推理也称为似然推理。尽管两者涉及的命题和概念的性质有根本性的不同, 但是两者在推理模式上完全一样。例如, 下面的模糊逻辑推理。

大前提: 男生头发长了就该理发了 (模糊命题)
小前提: 张三的头发有点长 (模糊命题)

结论: 张三有点该理发了 (模糊命题)

在这个例子中, "长" "该理发" "有点长" 和 "有点该理发" 都是模糊性的概念。大前提和小前提中都含有 "长" 这个模糊概念, 结论 "有点该理发了" 也是模糊性命题。

在二值逻辑推理中, 前件命题是清晰明确的, 其真值 "要么是真, 要么是假", 作为后件的推理结果, 也只能是 "真" 或 "假"。但在模糊逻辑的推理中, 由于大小

前提都是模糊性的命题, 其真值推广到 [0, 1] 上的任意实数, 推理结果就不能只是 "真" 或 "假" 两个结论。那么, 在模糊逻辑推理中, 怎样根据大前提和小前提的真值来确定推理结果的真值呢? 这就需要对模糊逻辑的推理进行合成。

基于模糊逻辑推理的基本思想, Zadeh[5] 在 1973 年提出了模糊逻辑推理的合成方法。下面以理发的例子来说明合成法则的基本思想。

设 a 为 "头发的长度", u 为 "该理发的程度", A 为 "头发长", U 为 "该理发", A^* 为 "头发有点长", U^* 为 "有点该理发", 基于这些符号, 模糊逻辑推理的过程可表示为

大前提: $A(A) \rightarrow U(u)$

小前提: $A^*(a)$

———————————

结论: $U^*(u)$

Zadeh 提出的模糊逻辑推理的合成法则为

$$U^*(u) = A^*(a) \circ R(a, u) \tag{3.9}$$

式中, "∘" 为模糊关系合成中的合成运算。

为了保证在更一般的情况下, 矩阵 $A^*(a)$ 中的每一个元素都能与 $R(a, u)$ 中的元素进行 "配对", 先将 $A^*(a)$ 改造为按行排放, 构成一个 "大向量", 再和 $R(a, u)$ 进行合成。这样得到模糊逻辑推理的一般合成方法为

$$U^*(u) = \left(\vec{A^*}(a)\right)^{\mathrm{T}} \circ R(a, u) \tag{3.10}$$

或者简写为

$$U^* = \left(\vec{A^*}\right)^{\mathrm{T}} \circ R \tag{3.11}$$

Zadeh 提出的模糊逻辑的合成运算中 "合成运算" 采取的是 "取大取小" 运算, 这种运算尽管在很多应用实例中是可行且有效的, 但也有许多情况不适用或者推理结果不理想, 与人们的理解有较大出入。人们在不断的实践摸索中, 又提出一些不同的模糊逻辑推理的合成算法。表 3.4 列举了几种常用的模糊逻辑推理的合成方法。

表 3.4   常用的模糊逻辑推理的合成方法

合成运算名称	表达式
取大–取小	$U^*(u) = (A^* \circ R)(a, u) = \underset{a \in A}{\vee} (A(a) \wedge R(a, u))$
取大–取积	$U^*(u) = (A^* \circ R)(a, u) = \underset{a \in A}{\vee} (A(a) * R(a, u))$
取小–取大	$U^*(u) = (A^* \circ R)(a, u) = \underset{a \in A}{\wedge} (A(a) \vee R(a, u))$
取大–取大	$U^*(u) = (A^* \circ R)(a, u) = \underset{a \in A}{\vee} (A(a) \vee R(a, u))$
取小–取小	$U^*(u) = (A^* \circ R)(a, u) = \underset{a \in A}{\wedge} (A(a) \wedge R(a, u))$
取大–取均	$U^*(u) = (A^* \circ R)(a, u) = \dfrac{1}{2} \underset{a \in A}{\vee} (A(a) + R(a, u))$
取和–取积	$U^*(u) = (A^* \circ R)(a, u) = f\left(\sum\limits_{a \in A} (A(a) * R(a, u)) \right), f$ 是 $[0, 1]$ 上的逻辑函数

需要注意的是, 常用的合成算法对于某些情况推理结果很好, 对于另外一些情况, 其推理结果不一定好, 因此在具体应用时, 要根据实际情况进行选择或者对多种合成算法进行组合使用, 以推理结果符合人们主观或者客观规律为准。

3.4.3   模糊控制器中的蕴涵关系

在模糊逻辑推理合成式 (3.11) 中的模糊蕴涵关系 R, 是由模糊规则中的模糊条件命题组成的。一般情况下, 模糊控制器中的模糊关系 R 是由多条模糊条件命题构成的。

假设模糊控制器中有 n 条模糊规则, 也就是说, 由 n 个模糊蕴涵关系 $R_1, R_2,$ $\cdots, R_n$ 构成, 那么控制器中的模糊关系 R 就是由这 n 个模糊蕴涵关系的 "并" 构成的, 即

$$
\begin{aligned}
R &= R_1 \cup R_2 \cup \cdots \cup R_n \\
&= \bigcup_{j=1}^{n} R_j
\end{aligned} \tag{3.12}
$$

将式 (3.12) 代入模糊逻辑推理合成法则 (3.11), 可得

$$
U^* = \left(\overrightarrow{A^*} \right)^{\mathrm{T}} \circ R
$$

$$= \left(\vec{A^*}\right)^{\mathrm{T}} \circ \bigcup_{j=1}^{n} R_j$$

$$= \bigcup_{j=1}^{n} \left(\left(\vec{A^*}\right)^{\mathrm{T}} \circ R_j \right)$$

$$= \bigcup_{j=1}^{n} \left(U_j^*\right) \tag{3.13}$$

式中, $U_j^* = \left(\vec{A^*}\right)^{\mathrm{T}} \circ R_j$。

下面举例进行说明。设 A、B、C 分别为论域 X、Y、Z 上的模糊集, 其中

$$X = \{a_1, a_2, a_3\}$$

$$Y = \{b_1, b_2, b_3\}$$

$$Z = \{z_1, z_2, z_3\}$$

$$A(a) = \frac{1.0}{a_1} + \frac{0.4}{a_2} + \frac{0.2}{a_3}$$

$$B(b) = \frac{1.0}{b_1} + \frac{0.4}{b_2} + \frac{0.2}{b_3}$$

$$C(c) = \frac{0.3}{c_1} + \frac{0.7}{c_2} + \frac{1.0}{c_3}$$

则可求出模糊命题 "$A \wedge B \to C$" 的模糊蕴涵关系 $R(a, b, c)$。

令 $D(a, b) = A(a) \wedge B(b)$, 则有

$$D(a, b) = \vec{A}(a) \circ B(b)$$

$$= A^{\mathrm{T}}(a) \circ B(b)$$

$$= \begin{bmatrix} 1.0 \\ 0.4 \\ 0.2 \end{bmatrix} \circ \begin{bmatrix} 0.1 & 0.6 & 1.0 \end{bmatrix}$$

$$= \begin{bmatrix} 0.1 & 0.6 & 1.0 \\ 0.1 & 0.4 & 0.4 \\ 0.1 & 0.2 & 0.2 \end{bmatrix}$$

将 $D(a, b)$ 代入 $R(a, b, c) = (A \wedge B) \wedge C = \vec{D}(a, b) \circ C(c)$, 可得

$$R(a, b, c) = \vec{D}(a, b) \circ C(c)$$

$$= \begin{bmatrix} 0.1 \\ 0.6 \\ 1.0 \\ 0.1 \\ 0.4 \\ 0.4 \\ 0.1 \\ 0.2 \\ 0.2 \end{bmatrix} \circ \begin{bmatrix} 0.3 & 0.7 & 1.0 \end{bmatrix}$$

$$= \begin{bmatrix} 0.1 & 0.3 & 0.3 & 0.1 & 0.3 & 0.3 & 0.1 & 0.2 & 0.2 \\ 0.1 & 0.6 & 0.7 & 0.1 & 0.4 & 0.4 & 0.1 & 0.2 & 0.2 \\ 0.1 & 0.6 & 1.0 & 0.1 & 0.4 & 0.4 & 0.1 & 0.2 & 0.2 \end{bmatrix}^{\mathrm{T}}$$

此外，如果设 A^* 和 B^* 分别是论域 X、Y 上的模糊集，且有

$$A^*(a) = \frac{0.3}{a_1} + \frac{0.5}{a_2} + \frac{0.7}{a_3}$$

$$B^*(b) = \frac{0.4}{b_1} + \frac{0.5}{b_2} + \frac{0.9}{b_3}$$

那么，根据已经求得的模糊关系 R，可以求出 $C^*(c)$。

令 $D(a,b) = A(a) \wedge B(b)$，则有

$$D^* = A^* \wedge B^* = \vec{A}^*(a) \circ B^*(b)$$

$$= \begin{bmatrix} 0.3 \\ 0.5 \\ 0.7 \end{bmatrix} \circ \begin{bmatrix} 0.4 & 0.5 & 0.9 \end{bmatrix}$$

$$= \begin{bmatrix} 0.3 & 0.3 & 0.3 \\ 0.4 & 0.5 & 0.5 \\ 0.4 & 0.5 & 0.7 \end{bmatrix}$$

进而，有

$$C^* = (A^* \wedge B^*) \circ R$$
$$= (\vec{D}^*)^{\mathrm{T}} \circ R$$
$$= \left(\vec{D}^*(a,b) \right) \circ R(a,b,c)$$

$$= [\, 0.3 \quad 0.3 \quad 0.3 \quad 0.4 \quad 0.5 \quad 0.5 \quad 0.4 \quad 0.5 \quad 0.7 \,] \circ \begin{bmatrix} 0.1 & 0.1 & 0.1 \\ 0.3 & 0.6 & 0.6 \\ 0.3 & 0.7 & 1.0 \\ 0.1 & 0.1 & 0.1 \\ 0.3 & 0.4 & 0.4 \\ 0.3 & 0.4 & 0.4 \\ 0.1 & 0.1 & 0.1 \\ 0.2 & 0.2 & 0.2 \\ 0.2 & 0.2 & 0.2 \end{bmatrix}$$

$$= [\, 0.3 \quad 0.5 \quad 0.4 \,]$$

从而由 $A^*(a)$、$B^*(b)$ 和 $R(a,b,c)$ 可得

$$C^*(c) = \frac{0.3}{c_1} + \frac{0.5}{c_2} + \frac{0.4}{c_3}$$

3.5 本 章 小 结

模糊逻辑推理是在二值逻辑基础上发展而来的一种处理不确定性的推理方法，以一些模糊判断为前提来推导出新的模糊性结论。怎样让机器取代人，能够识别、理解模糊规则进行模糊逻辑推理，最终得到新的结果并实现自动控制，是模糊控制研究的主要内容。

本章主要介绍了逻辑学的相关知识，重点讲述了近似推理。首先简要概述了常用的基本模糊条件语句；然后介绍了能识别模糊条件语句的近似推理及其合成；最后给出了在模糊控制器设计中常用的蕴涵关系。

第4章 Type-2 模糊逻辑系统

4.1 引　言

目前, 科学技术的研究对象越来越复杂化, 而对于一个系统来说, 其精确性和复杂性是互不相容的: 当系统的复杂性增加时, 其精确化的能力就会降低; 当达到一定的阈值时, 两者将相互排斥 [5]。这就是说, 系统的复杂程度越高, 有意义的精确性就越低, 这主要是因为高阶的复杂度引入了过多的因素。采用传统的处理方法难以或不易考虑所有因素, 只能考虑其主要因素, 忽略次要因素。因此, 解决这种复杂大系统问题就需要寻求一种可以处理这种系统的数学方法。另外, 在社会科学和自然科学 (如生物学、心理学、语言学和其他社会学科等) 中存在着大量的模糊概念和模糊现象, 迫切要求对模糊概念进行定量化和数学化的描述, 但传统的精确数学无法对这种模糊现象进行有效的描述, 这就要求寻找一种新的思路来解决模糊概念的建模问题。

模糊逻辑系统能够对人类知识进行系统的描述并将其连同其他形式的信息, 如数学模型和感官测量等, 嵌入到工程系统中。在大多数实际系统中, 信息的来源主要有两个: 系统的性能用自然语言来描述的专家系统; 系统的性能根据传感器测量的数据和自然法则推导而来的数学模型。因此, 要解决的一项重要任务就是把这两类信息融合到系统的设计中。实现这种融合的关键在于怎样将人类知识整合到同传感器测量结果和数学模型类似的 "框架" 中, 或者说, 关键问题在于如何把人类知识库变换为数学公式。模糊逻辑系统即能实现这种变换。

在模糊逻辑系统的研究初期, 理论和应用上研究的都是基于一般模糊集 (Type-1 模糊集) 建立的模糊逻辑系统 (称为 Type-1 模糊逻辑系统)。由于 Type-1 模糊逻辑系统在系统的精度、运算速度、设计的系统性、动态品质等方面存在缺陷, 20 世纪 70 年代人们提出了 Type-2 模糊集, 以及相应的 Type-2 模糊逻辑系统。在模糊环境下考虑问题, 当研究对象的隶属度函数无法确定时, Type-2 模糊逻辑系统比 Type-1 模糊逻辑系统具有很多优点, 例如, 能够利用规则中更多的模糊信息从而给系统的设计提供更大的自由度等。目前, Type-2 模糊集及模糊逻辑系统在医学、生物学、系统工程、经济学和心理学等领域取得了很多的理论研究成果。

本章首先介绍模糊逻辑系统的相关知识，重点将 Type-2 模糊逻辑系统中的模糊推理与 Type-1 模糊逻辑系统中的模糊推理进行归纳与比较；然后介绍设计 Type-2 模糊逻辑系统时要用到的重要工具，即模糊加权平均 (FWA) 算法和 KM 算法。

4.2   Type-2 模糊集及其运算

4.2.1   Type-2 模糊集

Type-2 模糊集是 Type-1 模糊集概念的拓展。Type-2 模糊集是这样的一种模糊集：其元素的隶属度不像 Type-1 模糊集那样是一个清晰数 (crisp number)，而是一个 Type-1 模糊集。也就是说，集合中每个元素的隶属度都是区间 [0, 1] 上的一个 Type-1 模糊集。

由于隶属度函数对多信息量和可供语言变量是独立的，Type-2 模糊集可以用来表达 Type-1 模糊集的隶属度函数的不确定性。当不易给出 Type-1 模糊集明确的隶属度函数时，可采用 Type-2 模糊集对研究对象进行建模，如对自然语言的建模等。

更高阶的模糊集是增加模糊关系的一种途径，根据 Hisdal 的描述，在一种描述中模糊度的增加意味着在正确的逻辑方式下处理不确定信息可靠性的增加 [131]。John 也认为，Type-2 模糊集可以用人类的自然语言来描述隶属度函数，因此可以融合专家经验来改进基于 Type-1 模糊集的模糊推理 [132]。Liang 和 Mendel 认为在 MPEG-VBR 视频流中对 I/P/B 帧的大小进行建模时，Type-2 模糊集优于 Type-1 模糊集 [133]。

通常用 A 代表论域 X 上的一个 Type-1 模糊集，X 中的元素 x 在 A 中的隶属度 $\mu_A(x)$ 是区间 [0, 1] 上的清晰值。用 $\tilde{A}$ 代表论域 X 上的一个 Type-2 模糊集 [134]，X 中的元素 x 在 $\tilde{A}$ 中的隶属度 $\mu_{\tilde{A}}(x)$ 是区间 [0, 1] 上的一个模糊集。$\mu_{\tilde{A}}(x)$ 值域上的元素称为 x 在 $\tilde{A}$ 中的主隶属度 (primary membership degree)，例如，图 4.1(a) 中阴影部分的垂线段或图 4.1(b) 中的横坐标轴等。主隶属度在 $\mu_{\tilde{A}}(x)$ 中的隶属度称为 x 在 $\tilde{A}$ 中的次隶属度 (secondary membership degree)，例如，图 4.1(b) 中的纵坐标轴等。

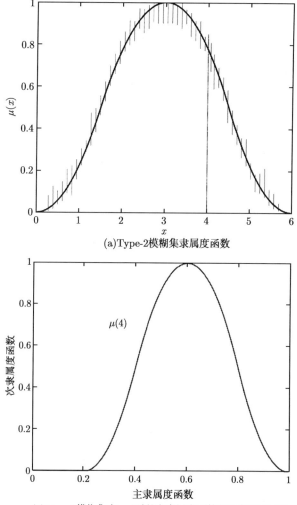

(a)Type-2模糊集隶属度函数

(b)Type-2模糊集在x=4时的主隶属度函数和次隶属度函数

图 4.1 Type-2 模糊集示意图

Type-2 模糊集 $\tilde{A}$ 的隶属度函数 $\mu_{\tilde{A}}(x)$ 可表示为

$$\mu_{\tilde{A}}(x) = \int_{u \in [0,1]} \frac{f_x(u)}{u}, \quad u \in J_x \subseteq [0,1] \tag{4.1}$$

当论域 X 是离散的集合时，Type-2 模糊集 $\tilde{A}$ 的隶属度函数 $\mu_{\tilde{A}}(x)$ 可表示为

$$\mu_{\tilde{A}}(x)$$
$$= \frac{f_x(u_1)}{u_1} + \frac{f_x(u_2)}{u_2} + \cdots + \frac{f_x(u_m)}{u_m}$$

$$=\sum_i \frac{f_x(u_i)}{u_i} \tag{4.2}$$

当 Type-2 模糊集 $\tilde{A}$ 的次隶属度函数为区间集时，称 $\tilde{A}$ 为区间型 Type-2 模糊集。

定义 4.1[134]   (1) Type-2 模糊集的不确定域 (footprint of uncertainty, FOU)。Type-2 模糊集 $\tilde{A}$ 的主隶属度的不确定性是由一系列有界的区域组成的，称为 Type-2 模糊集 $\tilde{A}$ 的不确定性足迹 (见图 4.1(a) 阴影部分所示的区域)，它是所有主隶属度的并集，即

$$\mathrm{FOU}(\tilde{A}) = \bigcup_{x \in X} J_x \tag{4.3}$$

(2) 下隶属度函数和上隶属度函数。Type-2 模糊集 $\tilde{A}$ 的上隶属度函数和下隶属度函数是对应于其 FOU 上下边界的两个 Type-1 隶属度函数。上隶属度函数是其 FOU 最大隶属度的子集，记作 $\bar{\mu}_{\tilde{A}}(x)$；下隶属度函数是其 FOU 最小隶属度的子集，记作 $\underline{\mu}_{\tilde{A}}(x)$，即对 $\forall x \in X$，有

$$\begin{aligned} \bar{\mu}_{\tilde{A}}(x) &\equiv \overline{\mathrm{FOU}(\tilde{A})} \\ \underline{\mu}_{\tilde{A}}(x) &\equiv \underline{\mathrm{FOU}(\tilde{A})} \end{aligned} \tag{4.4}$$

4.2.2   Type-2 模糊集的运算

设 $\tilde{A}$ 和 $\tilde{B}$ 为 Type-2 模糊集，两者的隶属度函数分别为 $\mu_{\tilde{A}}(x)$ 和 $\mu_{\tilde{B}}(x)$：

$$\mu_{\tilde{A}}(x) = \int_u \frac{f_x(u)}{u}, \quad u \in J_x \subseteq [0,1]$$

$$\mu_{\tilde{B}}(x) = \int_v \frac{f_x(v)}{v}, \quad v \in J_x \subseteq [0,1]$$

定义 [134]

$$\mu_{\tilde{A}}(x) \sqcup \mu_{\tilde{B}}(x) = \int_u \int_v \frac{f_x(u) \bigstar g_x(v)}{u \vee v} \tag{4.5}$$

$$\mu_{\tilde{A}}(x) \sqcap \mu_{\tilde{B}}(x) = \int_u \int_v \frac{f_x(u \bigstar g_x(v))}{u \bigstar v} \tag{4.6}$$

$$\neg \mu_{\tilde{A}}(x) = \int_u \frac{f_x(u)}{1-u} \tag{4.7}$$

式中，$\vee$ 代表取大 t-余范数；$\bigstar$ 代表 t-范数。

下面把 ⊔、⊓ 和 ¬ 分别称为并 (join)、交 (meet)、补 (negation) 运算，即 Type-2 模糊集的并、交和补可以定义为

$$\mu_{\tilde{A}\cup\tilde{B}}(x) = \mu_{\tilde{A}}(x) \sqcup \mu_{\tilde{B}}(x)$$

$$= \int_u \int_v \frac{f_x(u) \star g_x(v)}{u \vee v} \tag{4.8}$$

$$\mu_{\tilde{A}\cap\tilde{B}}(x) = \mu_{\tilde{A}}(x) \sqcap \mu_{\tilde{B}}(x)$$

$$= \int_u \int_v \frac{f_x(u) \star g_x(v)}{u \star v} \tag{4.9}$$

$$\mu_{\bar{\tilde{A}}}(x) = \neg \mu_{\tilde{A}}(x)$$

$$= \int_u \frac{f_x(u)}{1-u} \tag{4.10}$$

Type-2 模糊集的降型 (type reduction) 指采用适当的方法使 Type-2 模糊集变换为一个 Type-1 模糊集。在 Type-2 模糊逻辑系统中，推理引擎模块的输出是一个 Type-2 模糊集，首先需要降型为一个 Type-1 模糊集，然后才能将其清晰化为一实数值作为系统的输出。

4.3   Type-2 与 Type-1 模糊逻辑系统的逻辑推理

4.3.1   Type-1 与 Type-2 模糊逻辑系统的比较

Type-1 和 Type-2 模糊逻辑系统的结构分别如图 4.2 和图 4.3 所示。由图容易看出，Type-1 和 Type-2 模糊逻辑系统的结构非常类似，最大的不同是，Type-1 模糊逻辑系统的清晰化模块 (defuzzifier block) 在 Type-2 模糊逻辑系统中由清晰化 (defuzzifier) 和降型 (type-reducer) 两个模块组成的输出处理模块 (output processing block) 所替代。

在 Type-2 模糊逻辑系统中，清晰的输入量经过模糊化模块变换为模糊量，即一个 Type-2 模糊集。由于单点模糊化计算快，适合于一般型 Type-2 模糊逻辑系统的实时运算，本书只讨论 Type-2 单点模糊化的情形。所谓单点模糊化，是指将一个清晰的输入量变换为只有一个点的隶属度不为零的模糊集，其他点的隶属度均为零。

在 Type-1 模糊逻辑系统中，常用 "IF-THEN" 形式的模糊规则。通常，第 l 条规则的形式为 "R^l: 如果 x_1 为 F_1^l 且 x_2 为 F_2^l 且……且 x_p 为 F_p^l，那么 y 为 G^l"，

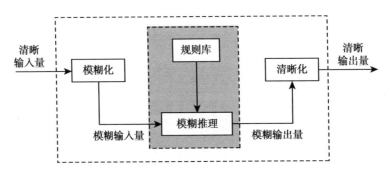

图 4.2　Type-1 模糊逻辑系统结构图

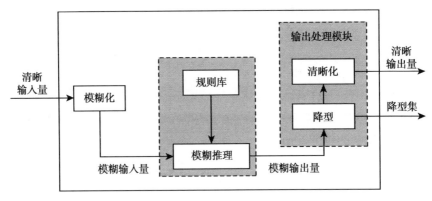

图 4.3　Type-2 模糊逻辑系统结构图

其中，$x_i(i=1,2,\cdots,p)$ 为输入量，$F_i^l(i=1,2,\cdots,p)$ 为前件集，$G^l(i=1,2,\cdots,p)$ 为后件集，y 为输出变量。Type-1 和 Type-2 模糊逻辑系统本质上的不同在于隶属度函数，与其规则的形式无关。图 4.2 和图 4.3 表示的 Type-1 和 Type-2 模糊逻辑系统，其唯一不同之处是 Type-2 模糊逻辑系统中的一些或所有的模糊集为 Type-2 模糊集。因此，Type-2 模糊逻辑系统的第 l 条规则可以表示为"R^l：如果 x_1 为 $\tilde{F}_1^l$ 且 x_2 为 $\tilde{F}_2^l$ 且……且 x_p 为 $\tilde{F}_p^l$，那么 y 为 $\tilde{G}^{l}$"。这里，并不要求所有的前件集和后件集都是 Type-2 模糊集，只要前件集和后件集中至少有一个是 Type-2 模糊集，这时的模糊系统就是一个 Type-2 模糊逻辑系统。

在 Type-1 模糊逻辑系统中，推理引擎 (inference engine) 对多条规则进行合并，输出一个 Type-1 模糊集，从而建立一个由输入 Type-1 模糊集到输出 Type-1 模糊集的映射。规则中的多个前件集是通过 t-范数进行连接的。模糊输入量的隶属度与模糊输出量的隶属度之间采用 Super-Star 算法进行合成。在清晰化时，多条规则之间用 t-余范数或加权求和法进行计算。在 Type-2 模糊逻辑系统中，推理过程与

Type-1 模糊逻辑系统类似, 推理引擎对多条规则进行合并, 输出一个 Type-2 模糊集, 从而建立一个由输入 Type-2 模糊集到输出 Type-2 模糊集的映射。

在 Type-1 模糊逻辑系统中, 清晰化模块将推理引擎输出的模糊集转化成一个清晰值。然而, 在 Type-2 模糊逻辑系统中, 推理引擎输出的结果首先由降型模块转化为一个 Type-1 模糊集, 然后由清晰化模块转化成一个清晰值。

因此, 要设计一个 Type-2 模糊逻辑系统, 系统设计人员需要具备以下技能。

(1) 能对 Type-2 模糊集进行并、交和补运算。

(2) 熟悉 Type-2 模糊集的隶属度的相关性质, 如交换性、结合性和反身律等。

(3) 能对 Type-2 模糊关系进行合成运算。

(4) 能对 Type-2 模糊集进行降型和清晰化处理。

4.3.2 Type-2 模糊逻辑系统的逻辑推理

考虑具有 x 个输入

$$
\begin{aligned}
\tilde{A}_R &= \int_X \frac{\mu_{\tilde{A}_R}(x)}{x} \\
&= \int_X \frac{\int_{J_x^u(R)} \frac{f_x\left(\frac{u}{r}\right)}{u}}{x}
\end{aligned}
$$

$$
J_x^u(R) = \{(x,u) : u \in [\mu_{L_R}(x), \mu_{U_R}(x)]\} \subseteq [0,1]
$$

单个输出 $\tilde{A}_R$ 和 R 条规则的 Type-2 模糊系统, 设第 l 条规则 $\mu_{U_R}(x)$ 为 "如果 $\mu_{L_R}(x)$ 为 $\tilde{F}_1^l$ 且 L_R 为 $\tilde{F}_2^l$ 且……且 L 为 $[0,1]$, 那么 y 为 r"。此规则表示由输入空间 R 到输出空间 $\tilde{A}$ 的一个二元模糊关系, 用 $\mu_{\tilde{F}_1^l \times \tilde{F}_2^l \times \cdots \times \tilde{F}_p^l \to \tilde{G}^l}(X,y)$ 来表示。其中, $\tilde{F}_1^l \times \tilde{F}_2^l \times \cdots \times \tilde{F}_p^l$ 是 $\tilde{F}_1^l, \tilde{F}_2^l, \cdots, \tilde{F}_p^l$ 的笛卡儿积 L。

令 $\tilde{F}_1^l \times \tilde{F}_2^l \times \cdots \times \tilde{F}_p^l = \tilde{A}^l$, 设输入为 $\underline{\mu}_{\tilde{A}}(x)$, 则 $\underline{\mu}_{\tilde{A}}(x)$ 经过模糊化后的 Type-2 模糊集 $\tilde{X}'$ 和规则 R^l 的合成运算, 利用扩展 Super-Star 合成运算[26,134] 可表示为

$$
\mu_{\tilde{X}' \circ \tilde{A}^l \to \tilde{G}^l}(y) = \sqcup_{X \in \tilde{X}'} \left[\mu_{\tilde{X}'}(X) \sqcap \mu_{\tilde{A}^l \to \tilde{G}^l}(X,y)\right] \tag{4.11}
$$

如果采用单点模糊化的方法, 则式 (4.11) 可以化简为

$$
\mu_{\tilde{X}' \circ \tilde{A}^l \to \tilde{G}^l}(y) = \mu_{\tilde{A}^l \to \tilde{G}^l}(X',y) \tag{4.12}
$$

用 $\tilde{B}^l$ 表示 $\tilde{X}' \circ \tilde{A}^l \to \tilde{G}^l$, 即 $\tilde{B}^l$ 表示第 l 条规则的输出集。式 (4.12) 的右端可利用蕴涵隶属度函数求得。由于工程应用上大多使用乘积或取小蕴涵关系, 即对

应的交运算采用乘积或取小 t-范数, 式 (4.12) 可进一步表示为

$$\mu_{\tilde{B}^l}(y) = \mu_{\tilde{A}^l}(X') \sqcap \mu_{\tilde{G}^l}(y) \tag{4.13}$$

集合的笛卡儿积的隶属度函数可以通过单个集合的隶属度函数的交运算来求得。因此, 式 (4.13) 又可以写成

$$\begin{aligned}
\mu_{\tilde{B}^l}(y) &= \mu_{\tilde{F}_1^l}(x_1) \sqcap \mu_{\tilde{F}_2^l}(x_2) \sqcap \cdots \sqcap \mu_{\tilde{F}_p^l}(x_p) \sqcap \mu_{\tilde{G}^l}(y) \\
&= \mu_{\tilde{G}^l}(y) \sqcap [\sqcap_{i=1}^p \mu_{\tilde{F}_i^l}(x_i)]
\end{aligned} \tag{4.14}$$

由于用一般型 Type-2 模糊集的计算比较复杂, 这里仅用区间型 Type-2 模糊集来说明 Type-2 模糊逻辑系统的模糊推理。在描述区间型 Type-2 模糊逻辑系统之前, 先给出区间型 Type-2 模糊集的表示方法 [24]。

区间型 Type-2 模糊集 $\tilde{A}$ 完全由其下隶属度函数 (lower membership function, LMF) 和上隶属度函数 (upper membership function, UMF) 所确定。设 $\tilde{A}$ 的下隶属度函数和上隶属度函数分别为 $\underline{\mu}_{\tilde{A}}(x)$ 和 $\bar{\mu}_{\tilde{A}}(x)$, 则 $\tilde{A}$ 的 FOU 可表示为

$$\mathrm{FOU}(\tilde{A}) = \bigcup_{x \in X} [\underline{\mu}_{\tilde{A}}(x), \bar{\mu}_{\tilde{A}}(x)] \tag{4.15}$$

如果论域是离散的, 则区间型 Type-2 模糊集的 FOU 可表示为

$$\mathrm{FOU}(\tilde{A}) = \bigcup_{x \in X} \left\{ \underline{\mu}_{\tilde{A}}(x), \cdots, \bar{\mu}_{\tilde{A}}(x) \right\} \tag{4.16}$$

式中, "$\cdots$" 表示位于下隶属度函数和上隶属度函数之间所有的内嵌 Type-1 模糊集。通常, 在不混淆的情况下, 式 (4.15) 和式 (4.16) 可以交换使用。

如果系统的所有 Type-2 模糊集都是区间型 Type-2 模糊集, 那么激活模糊集 (firing set) $\sqcap_{i=1}^p \mu_{\tilde{F}_i^l}(x_i)$ 和激活规则输出集 (fired-rule output set) (式 (4.14)) 都变为区间型 Type-2 模糊集, 从而使得计算量大大减少。具体地说, 一方面, 激活模糊集变为激活区间 (firing interval), 即

$$\sqcap_{i=1}^p \mu_{\tilde{F}_i^l}(x_i) \equiv F^l(X) = [\underline{f}^l(X), \bar{f}^l(X)] \equiv [\underline{f}^l, \bar{f}^l] \tag{4.17}$$

其中

$$\underline{f}^l(X) = \underline{\mu}_{\tilde{F}_1^l}(x) \star \underline{\mu}_{\tilde{F}_2^l} \star \cdots \star \underline{\mu}_{\tilde{F}_p^l}(x)$$

$$\bar{f}^l(X) = \bar{\mu}_{\tilde{F}_1^l}(x) \star \bar{\mu}_{\tilde{F}_2^l} \star \cdots \star \bar{\mu}_{\tilde{F}_p^l}(x)$$

另一方面, 由式 (4.14) 计算的隶属度函数 $\mu_{\tilde{B}^l}(y)$ 也为区间型 Type-2 模糊集, 即

$$\mu_{\tilde{B}^l}(y) = \int_{b^l \in [\underline{f}^l \star \underline{\mu}_{\tilde{G}^l}(y), \bar{f}^l \star \bar{\mu}_{\tilde{G}^l}(y)]} \frac{1}{b^l}, \quad y \in Y \tag{4.18}$$

式中, $\underline{\mu}_{\tilde{G}^l}(y)$ 和 $\bar{\mu}_{\tilde{G}^l}(y)$ 为 $\mu_{\tilde{G}^l}(y)$ 的下隶属度函数和上隶属度函数。

4.4 模糊加权平均

模糊加权平均 (FWA) 是一种与 Type-1 模糊集有关的加权平均, 常被应用于多目标决策过程 [135-139]。当决策变量 x_i 和权重 w_i 是 Type-1 模糊集, 或者决策变量是清晰数或区间值而权重是 Type-1 模糊集时, FWA 可作为一种有效的集结法 (aggregation fusion)。另外, FWA 也可用于计算一般型 Type-2 模糊集的降型集。

考虑如下形式的加权平均:

$$\begin{aligned} y &= f(w_1, w_2, \cdots, w_n, x_1, x_2, \cdots, x_n) \\ &= \frac{\displaystyle\sum_{i=1}^{n} w_i x_i}{\displaystyle\sum_{i=1}^{n} w_i} \end{aligned} \tag{4.19}$$

式中, w_i 是决策 (或者属性、指标和特性) x_i 的权重; x_i 和 w_i 是 Type-1 模糊数, 即 x_i 和 w_i 分别由其隶属度函数 $\mu_{X_i}(x_i)$ 和 $\mu_{W_i}(w_i)$ 来描述 (清晰数可以看作特殊的 Type-1 模糊集), $\mu_{X_i}(x_i)$ 和 $\mu_{W_i}(w_i)$ 需预先给定。

在不同的情况下, FWA 可以得到以下不同的结果 [140]。

(1) 当 w_i 和 x_i 都是清晰数时, y 也是清晰数。

(2) 当 w_i 是清晰数、x_i 是区间值, 即 $x_i = [a_i, b_i]$ 时, y 是一个区间值, 称为区间的加权平均 (weighted average of interval), 即 $y = [y_l, y_r]$。

(3) 当 x_i 是清晰数、w_i 是区间值, 即 $w_i = [c_i, d_i]$ 时, y 是一个区间值, 称为清晰数的标准区间加权平均 (normalized interval-weighted average of crisp number), 即 $y = [y_l, y_r]$。

(4) 当 w_i 和 x_i 都是区间值, 即 $x_i = [a_i, b_i]$、$w_i = [c_i, d_i]$ 时, y 仍然是个区间值, 称为区间值的标准区间加权平均 (normalized interval-weighted average of interval), 即 $y = [y_l, y_r]$。

(5) 当 x_i 和 w_i 都是 Type-1 模糊数, 即描述 x_i 和 w_i 的隶属度函数分别是 $\mu_{X_i}(x_i)$ 和 $\mu_{W_i}(w_i)$ 时, y 是一个隶属度函数为 $\mu_Y(y)$ 的 Type-1 模糊集。

目前为止, 还没有一种计算 $\mu_Y(y)$ 的闭环形式的方法, 常用 α-截、Type-1 模糊集的 α-截分解定理和其他的算法来计算 [134]。

用 α-截来计算 FWA 时, 模糊数的隶属度函数被序列 $\alpha_1, \alpha_2, \cdots, \alpha_j, \cdots,$ $(\alpha_m, \alpha_j \in [0,1])$ 离散化为 $[0,1]$ 上的有限个 α-截集。其中, 精确度依赖于 α-截的个数 m。对每个 α_j, 可以找到模糊数 x_i 的区间 X_i 和 w_i 中的区间 W_i 与之对应, 分别用 $[a_i(\alpha_j), b_i(\alpha_j)]$ 和 $[c_i(\alpha_j), d_i(\alpha_j)]$ 表示区间 x_i 和 w_i 的端点。用这些 α-截集可以求出对应 y 的 α-截集 $y(\alpha_j)$, 即

$$y(\alpha_j) = [f_{\mathrm{L}}^*(\alpha_j), f_{\mathrm{R}}^*(\alpha_j)] \tag{4.20}$$

从而, 可以用 y 的 α-截集 $y(\alpha_1), y(\alpha_2), \cdots, y(\alpha_m)$ 来计算 $\mu_Y(y)$。

令 $I_{\alpha_{j_Y}}(y)$ 表示指标函数, 即

$$I_{\alpha_{j_Y}}(y) = \begin{cases} 1, & \forall y \in [f_{\mathrm{L}}^*(\alpha_j), f_{\mathrm{R}}^*(\alpha_j)] \\ 0, & \forall y \notin [f_{\mathrm{L}}^*(\alpha_j), f_{\mathrm{R}}^*(\alpha_j)] \end{cases} \tag{4.21}$$

可以得到

$$\mu_Y(y) = \sup_{\substack{\forall \alpha_j \in [0,1] \\ (j=1,2,\cdots,m)}} \alpha_j I_{\alpha_{j_Y}}(y) \tag{4.22}$$

由于 x_i 仅出现在式 (4.19) 的分子上, 只需在 x_i 取最小值时对式 (4.19) 求最小值即可, 即

$$\begin{aligned} f_{\mathrm{L}}^*(\alpha_j) &= \min_{\substack{\forall x_i \in [a_i(\alpha_j), b_i(\alpha_j)] \\ \forall w_i \in [c_i(\alpha_j), d_i(\alpha_j)]}} f(w_1, w_2, \cdots, w_n, x_1, x_2, \cdots, x_n | \alpha_j) \\ &= \min_{\forall w_i \in [c_i(\alpha_j), d_i(\alpha_j)]} f(w_1, w_2, \cdots, w_n, a_1, a_2, \cdots, a_n | \alpha_j) \end{aligned} \tag{4.23}$$

式中

$$\begin{aligned} &f(w_1, w_2, \cdots, w_n, a_1, a_2, \cdots, a_n | \alpha_j) \\ &= \frac{\displaystyle\sum_{i=1}^{n} w_i(\alpha_j) a_i(\alpha_j)}{\displaystyle\sum_{i=1}^{n} w_i(\alpha_j)} \end{aligned} \tag{4.24}$$

在 x_i 取最大值时对式 (4.19) 求最大值, 即

$$
\begin{aligned}
f_{\mathrm{R}}^*(\alpha_j) &= \max_{\substack{\forall x_i \in [a_i(\alpha_j), b_i(\alpha_j)] \\ \forall w_i \in [c_i(\alpha_j), d_i(\alpha_j)]}} f(w_1, w_2, \cdots, w_n, x_1, x_2, \cdots, x_n | \alpha_j) \\
&= \max_{\forall w_i \in [c_i(\alpha_j), d_i(\alpha_j)]} f(w_1, w_2, \cdots, w_n, b_1, b_2, \cdots, b_n | \alpha_j)
\end{aligned}
\tag{4.25}
$$

式中

$$
\begin{aligned}
&f(w_1, w_2, \cdots, w_n, b_1, b_2, \cdots, b_n | \alpha_j) \\
&= \frac{\displaystyle\sum_{i=1}^{n} w_i(\alpha_j) b_i(\alpha_j)}{\displaystyle\sum_{i=1}^{n} w_i(\alpha_j)}
\end{aligned}
\tag{4.26}
$$

Liu 和 Mendel 将 KM 算法与 Lee 和 Park's 的 EFWA(Efficient FWA) 算法进行了比较, 发现 KM 算法是计算 FWA 最快的算法之一 [136], 具体将在 4.5 节进行介绍。

4.5 KM 算法

KM 算法是由 Karnik 和 Mendel 提出的, 最初用于计算 Type-2 模糊集的质心 (centroid)。这里, 在更一般的情况下叙述该算法。

考虑下面的函数:

$$
\begin{aligned}
&f(w_1, w_2, \cdots, w_n) \\
&= \frac{\displaystyle\sum_{i=1}^{n} x_i \theta_i}{\displaystyle\sum_{i=1}^{n} \theta_i}
\end{aligned}
\tag{4.27}
$$

式中, x_i 以升序排列, 即 $x_1 < x_2 < \cdots < x_n$; $\theta_i \in [c_i, d_i], i = 1, 2, \cdots, n$。

由文献 [136] 可知, 式 (4.27) 的最小值 $f_{\min}^*$ 和最大值 $f_{\max}^*$ 可用下面的公式来计算:

$$
f_{\min}^* = \min_{\forall \theta_i \in [c_i, d_i]} \frac{\displaystyle\sum_{i=1}^{n} x_i \theta_i}{\displaystyle\sum_{i=1}^{n} \theta_i}
$$

$$= \frac{\displaystyle\sum_{i=1}^{k_{\min}} x_i d_i + \sum_{i=k_{\min}+1}^{n} x_i c_i}{\displaystyle\sum_{i=1}^{k_{\min}} d_i + \sum_{i=k_{\min}+1}^{n} c_i} \tag{4.28}$$

$$f_{\max}^* = \max_{\forall \theta_i \in [c_i, d_i]} \frac{\displaystyle\sum_{i=1}^{n} x_i \theta_i}{\displaystyle\sum_{i=1}^{n} \theta_i}$$

$$= \frac{\displaystyle\sum_{i=1}^{k_{\max}} x_i c_i + \sum_{i=k_{\max}+1}^{n} x_i d_i}{\displaystyle\sum_{i=1}^{k_{\max}} c_i + \sum_{i=k_{\max}+1}^{n} d_i} \tag{4.29}$$

1. 求 $k_{\max}$ 和 $f_{\max}^*$ 的算法

步骤 1   在式 (4.29) 中初始化 $\theta_i (i = 1, 2, \cdots, n)$，并计算

$$f_{\max}' = \frac{\displaystyle\sum_{i=1}^{n} x_i \theta_i}{\displaystyle\sum_{i=1}^{n} \theta_i}$$

通常有两种初始化方法：令 $\theta_i = \dfrac{c_i + d_i}{2} (i = 1, 2, \cdots, n)$ 或令 $\theta_i = c_i, i \leqslant \left\lfloor \dfrac{n+1}{2} \right\rfloor$ 和 $\theta_i = d_i, i > \left\lfloor \dfrac{n+1}{2} \right\rfloor$，其中 $\lfloor \cdot \rfloor$ 表示小于或等于 $\cdot$ 的整数。

步骤 2   求出满足条件 $x_k \leqslant f_{\max}' \leqslant x_{k+1}$ 的 $k(1 \leqslant k \leqslant n-1)$。

步骤 3   当 $i \leqslant k$ 时，令 $\theta_i = c_i$；当 $i \geqslant k+1$ 时，令 $\theta_i = d_i$，并计算

$$f_{\max}''(k) = \frac{\displaystyle\sum_{i=1}^{k} x_i c_i + \sum_{i=k+1}^{n} x_i d_i}{\displaystyle\sum_{i=1}^{k} c_i + \sum_{i=k+1}^{n} d_i}$$

步骤 4   验证 $f_{\max}''(k) = f_{\max}'$ 是否成立。如果成立，则停止，此时 $f_{\max}''(k)$ 是

$$f(x) = \frac{\displaystyle\sum_{i=1}^{n} x_i \theta_i}{\displaystyle\sum_{i=1}^{n} \theta_i}$$

的最大值, 即 $f_{\max}^* = f_{\max}''(k)$, k 等于右开关点 $k_{\max}$, 即 $k = k_{\max}$; 反之, 进入步骤 5。

步骤 5 令 $f_{\max}'$ 等于 $f_{\max}''(k)$, 即 $f_{\max}' = f_{\max}''(k)$, 并返回步骤 2。

2. 求 $k_{\min}$ 和 $f_{\min}^*$ 的算法

步骤 1 在式 (4.28) 中, 初始化 $\theta_i (i = 1, 2, \cdots, n)$, 并计算

$$f_{\min}' = \frac{\sum\limits_{i=1}^{n} x_i \theta_i}{\sum\limits_{i=1}^{n} \theta_i}$$

通常有两种初始化方法: 令 $\theta_i = \dfrac{c_i + d_i}{2} (i = 1, 2, \cdots, n)$ 或令 $\theta_i = c_i, i \leqslant \left\lfloor \dfrac{n+1}{2} \right\rfloor$ 和 $\theta_i = d_i, i > \left\lfloor \dfrac{n+1}{2} \right\rfloor$, 其中 $\lfloor \cdot \rfloor$ 表示小于或等于 $\cdot$ 的整数。

步骤 2 求出满足条件 $x_k \leqslant f_{\min}' \leqslant x_{k+1}$ 的 $k (1 \leqslant k \leqslant n-1)$。

步骤 3 当 $i \leqslant k$ 时, 令 $\theta_i = d_i$; 当 $i \geqslant k+1$ 时, 令 $\theta_i = c_i$, 并计算

$$f_{\min}''(k) = \frac{\sum\limits_{i=1}^{k} x_i d_i + \sum\limits_{i=k+1}^{n} x_i c_i}{\sum\limits_{i=1}^{k} d_i + \sum\limits_{i=k+1}^{n} c_i}$$

步骤 4 验证 $f_{\min}''(k) = f_{\min}'$ 是否成立。如果成立, 则停止, 此时 $f_{\min}''(k)$ 是

$$f(x) = \frac{\sum\limits_{i=1}^{n} x_i \theta_i}{\sum\limits_{i=1}^{n} \theta_i}$$

的最小值, 即 $f_{\min}^* = f_{\min}''(k)$, k 等于左开关点 $k_{\min}$, 即 $k = k_{\min}$; 反之, 进入步骤 5。

步骤 5 令 $f_{\min}'$ 等于 $f_{\min}''(k)$, 即 $f_{\min}' = f_{\min}''(k)$, 返回步骤 2。

将式 (4.28) 和式 (4.29) 与式 (4.24) 和式 (4.26) 进行比较发现, 如果在式 (4.28) 中令 $\theta_i = w_i(\alpha_j)$ 和 $x_i = a_i(\alpha_j)$, 在式 (4.29) 中令 $\theta_i = w_i(\alpha_j)$ 和 $x_i = b_i(\alpha_j)$, 则两者完全相同。因此, 可以用 KM 算法来计算 $f_{\min}^*(\alpha_j)$ 和 $f_{\max}^*(\alpha_j)$。

4.6   本 章 小 结

Type-1 模糊逻辑系统是在一般模糊集 (Type-1 模糊集) 基础上构造而来的，利用适当的模糊逻辑推理和精确化方法来实现特定的系统功能。但是，Type-1 模糊集在处理实际对象的不确定性时有着不可避免的局限性，其根源在于 Type-1 模糊集是对经典集合中的元素赋予隶属度使其进行简单的模糊化，故描述和处理不确定性的能力有限。将 Type-1 模糊集的模糊性进行进一步的扩展，使其具有更强的表达和处理不确定性问题的能力，这种扩展的模糊集称为 Type-2 模糊集。基于 Type-2 模糊集建立的系统称为 Type-2 模糊逻辑系统，它是一种新的动态系统建模的数学工具。相比于 Type-1 模糊逻辑系统，Type-2 模糊逻辑系统具有更强的描述和处理不确定性问题的能力。

本章主要介绍了模糊逻辑系统 (包括 Type-1 模糊逻辑系统和 Type-2 模糊逻辑系统) 的相关知识，重点讲述了模糊逻辑系统的核心，即模糊推理引擎的结构、设计思想、原理、内容和方法。为了将 Type-2 模糊逻辑系统中的模糊推理与 Type-1 模糊逻辑系统中的模糊推理进行归纳与比较，首先简要概述了 Type-2 模糊集的基本概念和相关运算；然后介绍了设计 Type-2 模糊逻辑系统时要用到的一些工具，如模糊加权平均算法和 KM 算法等。

对于其他与模糊逻辑系统理论及应用相关的知识，McNeill 和 Freiberger 在文献 [141] 中对模糊理论 (模糊集及模糊逻辑系统) 及其应用做了非技术性的解释，包含对许多重要事件的采访和评述。Kruse 等在文献 [142] 中做了一些具有历史性的评论。Klir 和 Yuan 出版了一本可能是目前最综合的关于模糊集与模糊逻辑系统的著作 [143]。模糊逻辑在控制领域的早期应用收集在 Sugeno 的专著中 [144]。近年来的一些应用 (主要是在日本) 则总结于 Terano 等的著作中 [145]。

第5章 具有清晰相关度的 COFI 及其在模糊逻辑系统中的应用

5.1 引　言

不确定性不仅存在于规则中的前件集和后件集，还存在于模糊连接词，即模糊算子中。因此，在一个基于规则的模糊逻辑系统中，不仅需要对前件集和后件集的不确定性进行建模，还要对模糊连接词的不确定性进行建模。在模糊逻辑系统中，对规则中的前件集和后件集的不确定性采用模糊集进行建模，如常用的 Type-1 模糊集甚至是模糊的模糊集，即 Type-2 模糊集，包括区间型 Type-2 模糊集和一般型 Type-2 模糊集。因此，前件集和后件集的不确定性应当得到充分体现。模糊算子的模型，决定了规则中模糊信息的加工方法及利用程度。目前，对模糊算子的建模方法主要是基于 t-范数，也称为 t-模或三角模，或其改进形式，这些模型的主要任务是解决规则中一般模糊信息的加工问题，而没有涉及如何深入挖掘规则中前件集与后件集之间的模糊信息，如前件集与后件集的相关性信息等。因此，对于某些实际问题，常会出现推理结果无法比较的情况，使得无法在多个连续的 t-范数或 t-余范数中选出与实际数据相匹配的算子。例如，广泛应用于工程领域的取小 t-范数和乘积 t-范数。采用取小 t-范数的模糊推理，得到的规则输出集往往只由其中一个前件集决定，也就是说，取小模糊推理忽略了其他前件集对推理结果的影响。采用乘积 t-范数的模糊推理，虽然在推理过程中考虑了所有前件集，但是推理结果并不是由每个前件集及其对后件集的影响程度共同决定的。可见，在一个前件集与后件集相互独立的环境下研究模糊集和模糊推理将会遗漏规则中的一些模糊信息。因此，如果将前件集与后件集的相关性信息考虑到模糊推理中，或者说，在对模糊算子进行建模时将前件集与后件集的相关性信息纳入模型中，那么推理结果无疑包含了规则中更多的模糊信息，从而使推理结果更符合客观事实和人们的实际生活经验。

本章先讨论较简单的情形，即这种前件集与后件集的相关度可以用一个清晰数来描述。首先提出模糊集 O-O 变换的概念，接着在此基础上提出适用于 Type-1、区间型 Type-2 和一般型 Type-2 模糊逻辑系统的面向后件集的模糊推理方法。

本章使用的符号和术语如下。

(1) A 表示论域 X 上的一个 Type-1 模糊集, 元素 $x \in X$ 的隶属度为区间 $[0,1]$ 上的一个清晰数 $\mu_A(x)$。

(2) $\tilde{A}$ 表示论域 X 上的 Type-2 模糊集, 元素 $x \in X$ 的隶属度为区间 $[0,1]$ 上的一个 Type-1 模糊集 $\mu_{\tilde{A}}(x)$, $\mu_{\tilde{A}}(x)$ 的论域中的所有元素称为 x 的主隶属度 (primary membership), 用 J_x 表示。J_x 的隶属度称为 x 的次隶属度 (secondary membership), 用 $f_x(u)$ 表示。次隶属度实际上是主隶属度的隶属度 (或者说可能性)。X 上的任意一个元素 x 的次隶属度可以表示为 $\mu_{\tilde{A}}(x) = \int_u \frac{f_x(u)}{u}, u \in J_x \subseteq [0,1]$。特别地, 当次隶属度函数是一个确定的值, 即常数函数时, 称该 Type-2 模糊集为区间型 Type-2 模糊集。如果一个模糊逻辑系统中的所有集合均为区间型 Type-2 模糊集, 则该系统称为区间型 Type-2 模糊逻辑系统。

(3) 符号 ⊓ 和 ⊔ 分别表示 Type-2 模糊集的交和并运算。★ 表示 t-范数运算。有关 Type-2 模糊集的交和并的详细定义及说明见文献 [134]。

5.2　模糊集的 O-O 变换

如前所述, 模糊规则中前件集与后件集的不确定性可利用三种模糊集进行建模, 其不确定性应该得到充分体现。然而, 在某些具体应用中, 模糊推理的结果却令人难于做出决策 [96,146], 模糊逻辑系统的输出也会出现失真的现象 [147,148]。究其原因, 在基于规则的模糊逻辑系统中, 不确定性也存在于模糊规则的模糊算子中。人们对模糊算子提出了多种模型, 如含参数的 t-范数和 t-余范数、补偿算子、有序加权平均 (ordered weighted averaging, OWA) 算子和 S-OWA 算子等 [25,149,150]。此外, Seki、Yubazaki 等也分别提出了规则加权和单输入规则模型 (single input rule modules, SIRMS) 模糊推理方法 [151,152]。既然系统的不确定性得到了充分体现, 那为什么还会出现上述问题, 我们认为部分原因可能是在模糊推理的过程中忽略了前件集与后件集之间的相关性信息。事实上, 事物之间总是相互联系、相互影响, 其相互间的影响程度也各不相同。因此, 同一事物在不同的环境中扮演着不同的角色。同样, 作为表达人们模糊思维的有力工具——模糊集也不例外, 模糊规则中不同的前件集对同一个后件集的相关度 (或者说影响度、贡献度) 也可能各不相同。例如, 洗衣机洗衣服, 衣服上的泥沙量和油脂量对洗涤时间的影响就不同。基于模糊概念间的相关性, 本节将模糊概念间的相关性信息引入模糊算子的模型中, 提出模糊集 O-O 变换的概念。为了叙述方便，下面分别用 c_{AG} 和 $c_{\tilde{A}\tilde{G}}$ 表示集合 A 与 G 以及集合 $\tilde{A}$ 与 $\tilde{G}$ 之间的相关度，两者均为 $[0,1]$ 上的清晰数。

定义 5.1 设 A 是论域 X 上的一个 Type-1 模糊集，其隶属度函数为 $\mu_A(x)$；G 为论域 Z 上的另一个 Type-1 模糊集，这里称其为目标集。A 的 O-O 变换是将 A 转换成一个新的 Type-1 模糊集 A_G 的一种运算。称 A_G 为 A 的目标变换集，其隶属度函数为 $c_{AG} \cdot \mu_A(x)$，即

$$\mu_{A_G}(x) = c_{AG} \cdot \mu_A(x)$$

定义 5.2 设 $\tilde{A}$ 是论域 X 上的一个区间型 Type-2 模糊集，其 FOU 由其下隶属度函数 $\underline{\mu}_{\tilde{A}}(x)$ 和上隶属度函数 $\bar{\mu}_{\tilde{A}}(x)$ 所确定。$\tilde{G}$ 是论域 Z 上的另一个区间型 Type-2 模糊集，这里称其为目标集。$\tilde{A}$ 的 O-O 变换是将其变换成另一个区间型 Type-2 模糊集 $\tilde{A}_{\tilde{G}}$ 的一种运算，同样称 $\tilde{A}_{\tilde{G}}$ 为 $\tilde{A}$ 的目标变换集，其下隶属度函数和上隶属度函数分别为 $c_{\tilde{A}\tilde{G}} \cdot \underline{\mu}_{\tilde{A}}(x)$ 和 $c_{\tilde{A}\tilde{G}} \cdot \bar{\mu}_{\tilde{A}}(x)$，即

$$\underline{\mu}_{\tilde{A}_{\tilde{G}}}(x) = c_{\tilde{A}\tilde{G}} \cdot \underline{\mu}_{\tilde{A}}(x)$$

$$\bar{\mu}_{\tilde{A}_{\tilde{G}}}(x) = c_{\tilde{A}\tilde{G}} \cdot \bar{\mu}_{\tilde{A}}(x)$$

定义 5.3 设 $\tilde{A}$ 是论域 X 上的一个一般型 Type-2 模糊集，即

$$\tilde{A} = \int_X \frac{\mu_{\tilde{A}}(x)}{x} = \int_X \frac{\int_{J_x^u} \frac{f_x(u)}{u}}{x} \tag{5.1}$$

$$J_x^u = \left\{ (x,u) : u \in \left[\underline{\mu}_{\tilde{A}}(x), \bar{\mu}_{\tilde{A}}(x) \right] \right\} \subseteq [0,1]$$

$\tilde{G}$ 为论域 Z 上的另一个一般型 Type-2 模糊集，为目标集。$\tilde{A}$ 的 O-O 变换是将其变换成另一个一般型 Type-2 模糊集 $\tilde{A}_{\tilde{G}}$ 的运算，即

$$\tilde{A}_{\tilde{G}} = \int_X \frac{\mu_{\tilde{A}_{\tilde{G}}}(x)}{x} = \int_X \frac{\int_{J_x^u} \frac{f_x(u)}{u}}{x} \tag{5.2}$$

$$J_x^u = \left\{ (x,u) : u \in \left[c_{\tilde{A}\tilde{G}} \cdot \underline{\mu}_{\tilde{A}}(x), c_{\tilde{A}\tilde{G}} \cdot \bar{\mu}_{\tilde{A}}(x) \right] \right\} \subseteq [0,1]$$

并称 $\tilde{A}_{\tilde{G}}$ 为 $\tilde{A}$ 的目标变换集。

下面举例说明模糊集 O-O 变换的重要性。

例 5.1　设有 a、b 两个人, 他们对于 "才"(用 A 表示) 和 "德"(用 I 表示) 的隶属度分别为 $A(a) = 0.9$、$I(a) = 0.6$、$A(b) = 0.6$、$I(b) = 0.7$。现要根据 "德才兼备"(用 $A \cap I$ 表示) 的标准在 a 和 b 中选拔一人去做一件有 "挑战性的工作"(用 J 表示)。若用工程上常用的取小算法, 则有 $A \cap I(a) = 0.6$、$A \cap I(b) = 0.6$, 即二人一样优秀, 无法确定由谁去担任这项工作。实际上, a 要比 b 优秀很多。可见, 在一个模糊集是相对独立的环境下 (即没有考虑 "才" 与 "德" 对 "挑战性的工作" 的相关程度) 研究模糊集与模糊推理会丢失一些模糊信息。

现假设 A 对 J 和 I 对 J 的相关度, 即 "才" 和 "德" 对 "挑战性的工作" 的影响程度分别是 0.4 和 0.7, $c_{AJ} = 0.4, c_{IJ} = 0.7$, 从而有

$$A_J = \frac{0.36}{a} + \frac{0.24}{b}$$

$$I_J = \frac{0.42}{a} + \frac{0.49}{b}$$

则

$$(A_J \cap I_J)(a) = 0.36 > (A_J \cap I_J)(b) = 0.24$$

这表明对于这项 "挑战性的工作" a 比 b 优秀, 故应选择 a 去担任这项工作。

如果假设 A 对 J 和 I 对 J 的相关度, 即 "才" 和 "德" 对 "挑战性的工作" 的影响程度分别是 0.7 和 0.4, $c_{AJ} = 0.7, c_{IJ} = 0.4$, 那么有

$$A_J = \frac{0.63}{a} + \frac{0.42}{b}$$

$$I_J = \frac{0.24}{a} + \frac{0.28}{b}$$

则

$$(A_J \cap I_J)(a) = 0.24 < (A_J \cap I_J)(b) = 0.28$$

这表明对于这项 "挑战性的工作" b 比 a 优秀, 故应选择 b 去担任这项挑战性的工作。

注　(1) 当定义 5.2 中的 $\tilde{A}$ 与 $\tilde{G}$ 均退化为 Type-1 模糊集 A 与 G, 即 $\underline{\mu}_{\tilde{A}}(x) = \bar{\mu}_{\tilde{A}}(x)$ 时, 区间型 Type-2 模糊集 O-O 变换的概念也相应退化为 Type-1 模糊集的 O-O 变换。

(2) 当定义 5.3 中的 $\tilde{A}$ 与 $\tilde{G}$ 均退化为区间型 Type-2 模糊集 $\tilde{A}$ 与 $\tilde{G}$, 即 $\mu_{\tilde{A}}(x) = c(c$ 为常数) 时, 一般型 Type-2 模糊集 O-O 变换的概念也相应退化为区间型 Type-2 模糊集的 O-O 变换。

(3) 尽管利用其他的 t-范数, 如 LUK、Product 或者其他代数 t-范数 (如阿基米德 t-范数) 等, 也可以选拔出 a 或 b 去担任这项工作, 但这些结果都没有反映 "才" 和 "德" 与这项 "挑战性的工作" 之间的关系。也就是说, 这项工作可能对人的 "才" 要求高一些, 也可能对人的 "德" 要求高一些。对于模糊逻辑系统而言, 如果没有考虑前件集对后件集的影响信息, 则可能会导致不合理的推理结果。产生这种现象的主要原因是 a 和 b (相对于模糊规则的前件集) 没有参照一个标准进行 "论功行赏"。因此, 如果前件集在参与模糊推理之前, 参照后件集进行一个 "论功行赏" 般的变换之后再参与模糊推理, 那么推理结果无疑考虑了规则中更多的模糊信息。因此, 推理结果将更加合理, 模糊逻辑系统的设计也具有更大的自由度。

显然, 将某种 t-范数或 t-余范数 (如 Zadeh 提出的取小–取大范数) 用于 A 的 O-O 变换时, A 的 O-O 变换集 A_G 可将前件集 A 对后件集 G 的影响度引入模糊推理中。

5.3 具有清晰相关度的 COFI

本节将模糊集 O-O 变换的概念引入模糊逻辑系统的推理中, 从而提出适用于 Type-1 模糊逻辑系统和 Type-2 模糊逻辑系统的面向后件集的模糊推理方法。

5.3.1 面向后件集的模糊推理的定义

在定义 5.4 中, 考虑的是具有 p 个输入 $x_1 \in X_1$, $x_2 \in X_2$, $\cdots$, $x_p \in X_p$、1 个输出 $y \in Y$、M 条规则的 Type-1 模糊逻辑系统。另外, 设第 l 条规则为 R^l: 如果 x_1 是 F_1 且 x_2 是 F_2 且 $\cdots\cdots$ 且 x_p 是 F_p, 则 y 是 G。其中, $F_1, F_2, \cdots, F_p, G$ 均为 Type-1 模糊集。

在定义 5.5 中, 考虑的是具有 p 个输入 $x_1 \in X_1$, $x_2 \in X_2$, $\cdots$, $x_p \in X_p$、1 个输出 $y \in Y$、M 条规则的区间型 Type-2 模糊逻辑系统。另外, 设第 l 条规则为 R^l: 如果 x_1 是 $\tilde{F}_1^l$ 且 x_2 是 $\tilde{F}_2^l$ 且 $\cdots\cdots$ 且 x_p 是 $\tilde{F}_p^l$, 则 y 是 $\tilde{G}^l$。其中, $\tilde{F}_1^l, \tilde{F}_2^l, \cdots, \tilde{F}_p^l, \tilde{G}^l$ 均为区间型 Type-2 模糊集。

在定义 5.6 中, 考虑的是具有 p 个输入 $x_1 \in X_1$, $x_2 \in X_2$, $\cdots$, $x_p \in X_p$、1 个输出 $y \in Y$、M 条规则的一般型 Type-2 模糊逻辑系统。另外, 设第 l 条规则为 R^l: 如果 x_1 是 $\tilde{F}_1^l$ 且 x_2 是 $\tilde{F}_2^l$ 且 $\cdots\cdots$ 且 x_p 是 $\tilde{F}_p^l$, 则 y 是 $\tilde{G}^l$。其中, $\tilde{F}_1^l, \tilde{F}_2^l, \cdots, \tilde{F}_p^l, \tilde{G}^l$ 均为一般型 Type-2 模糊集。

另外, 为了符号简洁, 将 $\tilde{F}_j^l$ 表示为 $\tilde{F}_j$, 同时用 i_{FG} 和 $i_{\tilde{F}\tilde{G}}$ 分别表示模糊集 F 对 G 和 $\tilde{F}$ 对 $\tilde{G}$ 的影响度 (与 5.2 节中定义的相关度对应), 它们都是区间 $[0,1]$ 上的值, 预先由专家给定或由实验数据提取而来。另外, 用 F_{jG} 和 $\tilde{F}_{j\tilde{G}}$ 表示 F_j 与 $\tilde{F}_j$ 的 O-O 变换集, 对应的变换因子为

$$c_{F_jG} = \frac{i_{F_jG}}{\displaystyle\sum_{j=1}^{p} i_{F_jG}} \tag{5.3}$$

$$c_{\tilde{F}_j\tilde{G}} = \frac{i_{\tilde{F}_j\tilde{G}}}{\displaystyle\sum_{j=1}^{p} i_{\tilde{F}_j\tilde{G}}} \tag{5.4}$$

式中, p 为规则中前件集的个数。

定义 5.4　设 Type-1 模糊逻辑系统的第 l 条规则的前件集为 F_1 和 F_2, 后件集为 G, 它们的隶属度函数分别为 $\mu_{F_1}(x_1)$、$\mu_{F_2}(x_2)$ 和 $\mu_G(y)$。当输入为 $x_1 = x_1'$、$x_2 = x_2'$ 时, 用于 Type-1 模糊逻辑系统的具有清晰相关度的面向后件集的模糊推理 (COFI-CRD) 按以下步骤进行。

步骤 1　计算激活水平 (firing level):

$$f(x') = \mu_{F_1G}(x_1') + \mu_{F_2G}(x_2') \tag{5.5}$$

步骤 2　计算规则输出 (rule output)。激活水平 $f(x')$ 与后件集进行取范数运算, 所产生的 Type-1 模糊集即该规则的输出。

对于有多个前件集的规则 "如果 x_1 是 F_1 且 x_2 是 F_2 且……且 x_p 是 F_p, 那么 y 是 G", 步骤 1 中的激活水平由式 (5.6) 计算:

$$f(x') = \sum_{i=1}^{p} \mu_{F_iG}(x_i') \tag{5.6}$$

定义 5.5　设 $\tilde{F}_1$、$\tilde{F}_2$ 和 $\tilde{G}$ 分别是区间型 Type-2 模糊逻辑系统第 l 条规则的前件集和后件集, 它们的 FOU 由其各自的下隶属度函数和上隶属度函数 $\underline{\mu}_{\tilde{F}_1}(x_1)$ 和 $\bar{\mu}_{\tilde{F}_1}(x_1)$、$\underline{\mu}_{\tilde{F}_2}(x_2)$ 和 $\bar{\mu}_{\tilde{F}_2}(x_2)$、$\underline{\mu}_{\tilde{G}}(y)$ 和 $\bar{\mu}_{\tilde{G}}(y)$ 所确定。当输入为 $x_1 = x_1'$、$x_2 = x_2'$ 时, 用于区间型 Type-2 模糊逻辑系统的具有清晰相关度的面向后件集的模糊推理按以下步骤进行。

步骤 1　计算激活区间 $f(x') = [\underline{f}(x'), \bar{f}(x')]$:

$$\underline{f}(X') = \underline{\mu}_{\tilde{F}_1\tilde{G}}(x_1') + \underline{\mu}_{\tilde{F}_2\tilde{G}}(x_2') \tag{5.7}$$

$$\bar{f}(X') = \bar{\mu}_{\tilde{F}_1\tilde{G}}(x_1') + \bar{\mu}_{\tilde{F}_2\tilde{G}}(x_2') \tag{5.8}$$

步骤 2 下、上激活水平 $\underline{f}(x')$ 和 $\bar{f}(x')$ 分别与 $\tilde{G}$ 的下、上隶属度函数 $\underline{\mu}_{\tilde{G}}(y)$ 和 $\bar{\mu}_{\tilde{G}}(y)$ 进行 t-范数运算，产生一个 FOU，由该 FOU 定义的区间型 Type-2 模糊集即该规则的输出。

对于有多个前件集的规则 "如果 x_1 是 $\tilde{F}_1$ 且 x_2 是 $\tilde{F}_2$ 且……且 x_p 是 $\tilde{F}_p$，那么 y 是 $\tilde{G}$"，计算激活区间的公式为

$$\underline{f}(x') = \sum_{i=1}^{p} \underline{\mu}_{\tilde{F}_i\tilde{G}}(x_i') \tag{5.9}$$

$$\bar{f}(x') = \sum_{i=1}^{p} \bar{\mu}_{\tilde{F}_i\tilde{G}}(x_i') \tag{5.10}$$

式中，$\underline{f}(x')$ 和 $\bar{f}(x')$ 分别为激活区间的左右端点。

定义 5.6 设 $\tilde{F}_1$、$\tilde{F}_2$ 为一般型 Type-2 模糊逻辑系统中规则的前件集，$\tilde{G}$ 为后件集，$\tilde{F}_1$、$\tilde{F}_2$ 和 $\tilde{G}$ 有如下表示形式：

$$\tilde{F}_1 = \int_{X_1} \frac{\mu_{\tilde{F}_1}(x_1)}{x_1} = \int_{X_1} \frac{\int_{J_{x_1}^{u_1}} \frac{f_{x_1}(u_1)}{u_1}}{x_1} \tag{5.11}$$

$$J_{x_1}^{u_1} = \left\{ (x_1, u_1) : u_1 \in \left[\underline{\mu}_{\tilde{F}_1}(x_1), \bar{\mu}_{\tilde{F}_1}(x_1) \right] \right\} \subseteq [0, 1]$$

$$\tilde{F}_2 = \int_{X_2} \frac{\mu_{\tilde{F}_2}(x_2)}{x_2} = \int_{X_2} \frac{\int_{J_{x_2}^{u_2}} \frac{f_{x_2}(u_2)}{u_2}}{x_2} \tag{5.12}$$

$$J_{x_2}^{u_2} = \left\{ (x_2, u_2) : u_2 \in \left[\underline{\mu}_{\tilde{F}_2}(x_2), \bar{\mu}_{\tilde{F}_2}(x_2) \right] \right\} \subseteq [0, 1]$$

$$\tilde{G} = \int_Y \frac{\mu_{\tilde{G}}(y)}{y} = \int_Y \frac{\int_{J_y^u} \frac{f_y(u)}{u}}{y} \tag{5.13}$$

$$J_y^u = \left\{ (y, u) : u \in \left[\underline{\mu}_{\tilde{G}}(y), \bar{\mu}_{\tilde{G}}(y) \right] \right\} \subseteq [0, 1]$$

式中，$\underline{\mu}_{\tilde{F}_i}(x_i)$ 和 $\bar{\mu}_{\tilde{F}_i}(x_i)$ 分别为 Type-2 模糊集 $\tilde{F}_i$ 的下隶属度函数和上隶属度函数。

当 $x_1 = x_1'$、$x_2 = x_2'$ 时，用于 Type-2 模糊逻辑系统的具有清晰相关度的面向后件集的模糊推理按以下步骤进行。

步骤 1　计算激活模糊集 $\text{FS}_{X'}$：

$$\text{FS}_{X'} = \mu_{\tilde{F}_{1\tilde{G}}}(x_1') \sqcap \mu_{\tilde{F}_{2\tilde{G}}}(x_2') \tag{5.14}$$

步骤 2　激活模糊集 $\text{FS}_{X'}$ 与后件集 $\tilde{G}$ 进行广义的取交运算：

$$\mu_{\tilde{B}}(y) = \mu_{\tilde{G}}(y) \sqcap \text{FS}_{X'} \tag{5.15}$$

对于有多个前件集的规则 "如果 x_1 是 $\tilde{F}_1$ 且 x_2 是 $\tilde{F}_2$ 且……且 x_p 是 $\tilde{F}_p$，那么 y 是 $\tilde{G}$"，激活模糊集的计算式为

$$\text{FS}_{X'} = \sqcap_{i=1}^{p} \mu_{\tilde{F}_{i\tilde{G}}}(x_i') \tag{5.16}$$

式中，$\tilde{F}_{i\tilde{G}}$ 为 $\tilde{F}_i$ 的 O-O 变换集。$\mu_{\tilde{F}_{i\tilde{G}}}(x_i')$ 是 Type-1 模糊集，故激活模糊集是 p 个 Type-1 模糊集的交。

定义 5.7　在 Type-1 模糊逻辑系统中，对于规则 "如果 x_1 是 F_1 且 x_2 是 F_2 且……且 x_p 是 F_p，那么 y 是 G"，如果式 (5.17) 成立，则称 $F_1, F_2, \cdots, F_p$ 在 G 上是由 $F_k(k \in \{1, 2, \cdots, p\})$ 单确定的：

$$\sum_{j \neq k}^{p} [\mu_{F_j}(x_j') - \mu_{F_k}(x_k')] \cdot i_{F_jG} = 0 \tag{5.17}$$

例 5.2　令 $i_{F_2G} = 0$ 或 $\mu_{F_1}(x_1') = \mu_{F_2}(x_2')$，则 F_1、F_2 在 G 上是由 F_1 单确定的。

由上面的定义，可得以下结论。

(1) 取小模糊推理是面向后件集推理的一种特殊形式。

(2) 当 Type-2 模糊逻辑系统中的 Type-2 模糊集退化为区间型 Type-2 模糊集时，由面向后件集的模糊推理得到的激活模糊集退化为激活区间。

定理 5.1　如果 $F_1, F_2, \cdots, F_p$ 在 G 上是由 F_k 单确定的，那么面向后件集的模糊推理将退化为取小模糊推理。

证明　由于在面向后件集的模糊推理与取小模糊推理中，都是激活水平与后件集进行 t-范数运算，只需证明由两者生成的激活水平相同即可。不失一般性，设 $\min(\mu_{F_1}(x_1'), \cdots, \mu_{F_p}(x_p')) = \mu_{F_k}(x_k')$。因为 $F_1, F_2, \cdots, F_p$ 在 G 上是由 F_k 单确定的，所以有式 (5.17) 成立，即

$$\sum_{j \neq k}^{p} [\mu_{F_j}(x_j') - \mu_{F_k}(x_k')] \cdot i_{F_jG} = 0$$

因此, 有

$$
\begin{aligned}
0 &= \sum_{j \neq k}^{p} \mu_{F_j}(x'_j) \cdot i_{F_j G} - \sum_{j \neq k}^{p} \mu_{F_k}(x'_k) \cdot i_{F_j G} \\
&= \sum_{j \neq k}^{p} \mu_{F_j}(x'_j) \cdot i_{F_j G} + \mu_{F_k}(x'_k) \cdot i_{F_k G} \\
&\quad - \mu_{F_k}(x'_k) \cdot i_{F_k G} - \sum_{j \neq k}^{p} \mu_{F_k}(x'_k) \cdot i_{F_j G} \\
&= \sum_{j=1}^{p} \mu_{F_j}(x'_j) \cdot i_{F_j G} - \mu_{F_k}(x'_k) \cdot \sum_{j=1}^{p} i_{F_j G}
\end{aligned}
\tag{5.18}
$$

式 (5.18) 两边同时加上 $\mu_{F_k}(x'_k) \cdot \sum\limits_{j=1}^{p} i_{F_j G}$, 则有

$$
\sum_{j=1}^{p} \mu_{F_j}(x'_j) \cdot i_{F_j G} = \mu_{F_k}(x'_k) \cdot \sum_{j=1}^{p} i_{F_j G}
\tag{5.19}
$$

式 (5.19) 两边同时除以 $\sum\limits_{j=1}^{p} i_{F_j G}$, 得

$$
\begin{aligned}
&\frac{\sum\limits_{j=1}^{p} \mu_{F_j}(x'_j) \cdot i_{F_j G}}{\sum\limits_{j=1}^{p} i_{F_j G}} \\
&= \mu_{F_k}(x'_k) \\
&= \min(\mu_{F_1}(x'_1), \cdots, \mu_{F_p}(x'_p))
\end{aligned}
\tag{5.20}
$$

将变换因子式 (5.3) 代入式 (5.20), 即可得到

$$
\begin{aligned}
&\min(\mu_{F_1}(x'_1), \cdots, \mu_{F_p}(x'_p)) \\
&= \mu_{F_k}(x'_k) \\
&= \sum_{j=1}^{p} \mu_{F_j}(x'_j) \cdot c_{F_j G} \\
&= \sum_{j=1}^{p} \mu_{F_j G}(x'_j)
\end{aligned}
\tag{5.21}
$$

定理得证。

定理 5.2　设 Type-2 模糊逻辑系统中所有 Type-2 模糊集都为区间型 Type-2 模糊集, 则由式 (5.16) 计算得到的激活模糊集退化为激活区间。

证明　由于在 Type-2 模糊逻辑系统中所涉及的模糊集都是区间型 Type-2 模糊集, 由式 (4.15)、式 (4.16)、式 (4.17) 可知 O-O 变换集 $\tilde{F}_i$ 的隶属度函数 $\mu_{\tilde{F}_{i\tilde{G}}}(x'_i)$ 是区间

$$[\underline{\mu}_{\tilde{F}_{i\tilde{G}}}(x'_i), \bar{\mu}_{\tilde{F}_{i\tilde{G}}}(x'_i)] \tag{5.22}$$

因此, 式 (5.16) 变为

$$\begin{aligned}
&\sqcap_{i=1}^p \mu_{\tilde{F}_{i\tilde{G}}}(x'_i) \\
&= \sqcap_{i=1}^p [\underline{\mu}_{\tilde{F}_{i\tilde{G}}}(x'_i), \bar{\mu}_{\tilde{F}_{i\tilde{G}}}(x'_i)] \\
&= [\underline{f}(X'), \bar{f}(X')]
\end{aligned} \tag{5.23}$$

式中

$$\begin{aligned}
\underline{f}(X') &= \underline{\mu}_{\tilde{F}_{1\tilde{G}}}(x'_1) \bigstar \cdots \bigstar \underline{\mu}_{\tilde{F}_{p\tilde{G}}}(x'_p) \\
&= \sum_{i=1}^p \underline{\mu}_{\tilde{F}_{i\tilde{G}}}(x'_i)
\end{aligned} \tag{5.24}$$

$$\begin{aligned}
\bar{f}(X') &= \bar{\mu}_{\tilde{F}_{1\tilde{G}}}(x'_1) \bigstar \cdots \bigstar \bar{\mu}_{\tilde{F}_{p\tilde{G}}}(x'_p) \\
&= \sum_{i=1}^p \bar{\mu}_{\tilde{F}_{i\tilde{G}}}(x'_i)
\end{aligned} \tag{5.25}$$

分别将式 (5.24) 与式 (5.25) 以及式 (5.9) 与式 (5.10) 进行比较, 即得定理结论。

5.3.2　面向后件集的模糊推理的实施

基于单点模糊化的面向后件集的 Type-1 模糊推理的实施过程如图 5.1 所示。假设该系统是含有 p 个前件集 $F_1, F_2, \cdots, F_p$ 和 1 个后件集 G 的 Type-1 模糊逻辑系统。

当 $x_1 = x'_1$ 时, 过点 x'_1 的垂线与 $\mu_{F_1}(x_1)$ 相交于 $\mu_{F_1}(x'_1)$, 当 $x_2 = x'_2$ 时, 过点 x'_2 的垂线与 $\mu_{F_2}(x_2)$ 相交于 $\mu_{F_2}(x'_2)$, $\cdots\cdots$, 当 $x_p = x'_p$ 时, 过点 x'_p 的垂线与 $\mu_{F_p}(x_p)$ 相交于 $\mu_{F_p}(x'_p)$。激活区间由式 (5.6) 计算 (该激活区间包含了前件集 $F_1, F_2, \cdots, F_p$ 对后件集 G 的相关度)。从图 5.1 中可以看到, 首先输入量与前件集

的运算结果是一个数值，即激活水平 $f(x')$。然后，$f(x')$ 同后件集 G 进行 t-范数运算。如果 $\mu_G(y)$ 是三角形隶属度函数，运算过程运用取小范数，则激活规则 (或者说规则输出) 的隶属度函数的形状为梯形，如图 5.1 所示。

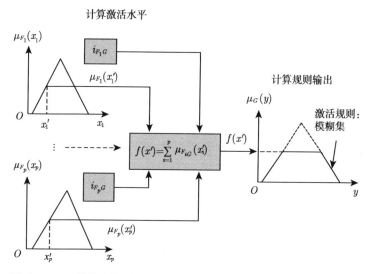

图 5.1 用于 Type-1 模糊逻辑系统的面向后件集的模糊推理：从激活区间到规则输出

图 5.2 为用于区间型 Type-2 模糊逻辑系统的面向后件集的模糊推理示意图。当 $x_1 = x_1'$ 时，过点 x_1' 的垂线与 $\mathrm{FOU}(\tilde{F}_1)$ 上的区间 $[\underline{\mu}_{\tilde{F}_1}(x_1'), \bar{\mu}_{\tilde{F}_1}(x_1')]$ 内的每一点都相交，当 $x_2 = x_2'$ 时，过点 x_2' 的垂线与 $\mathrm{FOU}(\tilde{F}_2)$ 上的区间 $[\underline{\mu}_{\tilde{F}_2}(x_2'), \bar{\mu}_{\tilde{F}_2}(x_2')]$ 内的每一点都相交，……，当 $x_p = x_p'$ 时，过点 x_p' 的垂线与 $\mathrm{FOU}(\tilde{F}_p)$ 上的区间 $[\underline{\mu}_{\tilde{F}_p}(x_p'), \bar{\mu}_{\tilde{F}_p}(x_p')]$ 内的每一点都相交。

激活区间包含两个激活水平：一个下激活水平 $\underline{f}(x')$ 和一个上激活水平 $\bar{f}(x')$，两者分别由式 (5.9) 和式 (5.10) 计算得到 (该激活区间同样引入了前件集 $\tilde{F}_1, \tilde{F}_2, \cdots,$ $\tilde{F}_p$ 对后件集 $\tilde{G}$ 的影响度)。从图 5.2 可知，首先输入变量与前件集的运算结果是一个区间，即激活区间 $f(x')$，其中 $f(x') = [\underline{f}(x'), \bar{f}(x')]$。然后，下激活水平 $\underline{f}(x')$ 与 $\tilde{G}$ 的下隶属度函数取 t-范数，上激活水平 $\bar{f}(x')$ 与 $\tilde{G}$ 的上隶属度函数取 t-范数。当 $\mathrm{FOU}(\tilde{G})$ 是三角形且运算采用 t-范数时，激活规则的 FOU 是梯形 FOU，如图 5.2 中阴影所示。

面向后件集的模糊推理引入了各个前件集对后件集的相关性信息，因此推理结果比传统模糊推理更加符合实际情况，这将在 6.4 节的实例仿真部分详细说明。

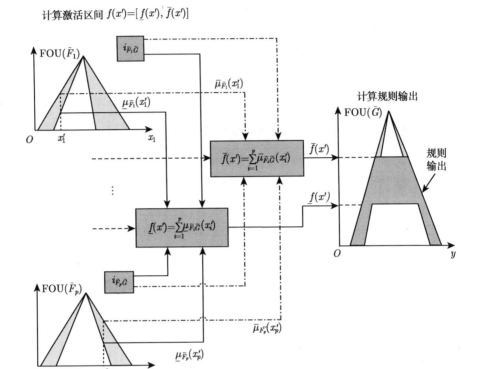

图 5.2　用于区间型 Type-2 模糊逻辑系统的面向后件集的模糊推理: 从激活区间到规则输出

5.4　COFI 用于自动洗衣机模糊控制器的仿真分析

　　自动洗衣机模糊控制器的设计问题是模糊逻辑系统非常典型的工业应用之一。本节利用 Type-1 和 Type-2 模糊逻辑系统对自动洗衣机模糊控制器的设计进行建模, 将面向后件集的模糊推理与工程上广泛应用的取小(Min)和乘积(Product)模糊推理进行比较。多输入–多输出的模糊系统可以看作由若干个多输入–单输出 (MISO) 的模糊系统构成。不失一般性, 本书以 MISO 模糊系统为例进行仿真比较。

　　本章实例 1 中使用以下符号: Type-1 模糊集 SS、MS 和 LS, 分别表示泥沙少、泥沙中和泥沙多; Type-1 模糊集 SG、MG 和 LG 分别表示油脂少、油脂中和油脂多; Type-1 模糊集 VS、S、M、L 和 VL 分别表示洗涤时间很短、时间短、时间中等、时间长和时间很长。在实例 2 中, 在上面的符号上加上 "∼" 来表示一个 Type-2 模糊集, 其含义和相应的 Type-1 模糊集相同。例如, 用 $\widetilde{SS}$ 表示泥沙含量少的 Type-2 模糊集。

5.4.1 实例 1：基于 Type-1 的 COFI 仿真分析

1. 确定模糊控制器的结构

设该控制器有两个输入：①衣物的泥沙含量 $x \in [0, 100]$；②衣物的油脂含量 $y \in [0, 100]$。这两个输入量可由分光光度计传感器检测出来。因为只考虑洗涤时间 $t \in [0, 60]$，所以可采用双输入–单输出的结构。

2. 定义输入、输出变量的模糊子集分布

将输入量和输出量的值标准化为 0~100，该范围覆盖了分光光度计传感器的值域。对泥沙含量设定三个模糊子集，即泥沙少 (SS)、泥沙中 (MS) 和泥沙多 (LS)，来覆盖输入量 x 的论域 $[0, 100]$，其隶属度函数形式如式 (5.26) 所示。输入和输出量的模糊子集及其隶属度函数如图 5.3 所示。

$$
\begin{aligned}
\mathrm{SS}(x) &= \frac{50 - x}{50}, \quad 0 \leqslant x \leqslant 50 \\[2mm]
\mathrm{MS}(x) &= \begin{cases} \dfrac{x}{50}, & 0 \leqslant x \leqslant 50 \\[3mm] \dfrac{100 - x}{50}, & 50 < x \leqslant 100 \end{cases} \\[2mm]
\mathrm{LS}(x) &= \frac{x - 50}{50}, \quad 50 < x \leqslant 100
\end{aligned}
\tag{5.26}
$$

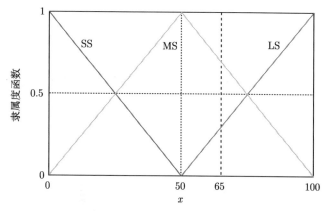

图 5.3 覆盖泥沙量 x 论域的模糊子集及其隶属度函数分布

对输入变量油脂含量同样选定三个模糊子集，即油脂少 (SG)、油脂中 (MG) 和油脂多 (LG)，来覆盖输入量 y 的论域 $[0, 100]$，其隶属度函数分布与泥沙的隶属度函数相似，如图 5.4 所示。

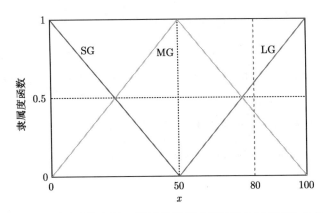

图 5.4   覆盖油脂含量 y 论域的模糊子集及其隶属度函数分布

对输出量选定五个模糊子集来覆盖洗涤时间 t 的论域 $[0, 60]$, 即时间很短 (VS)、时间短 (S)、时间中等 (M)、时间长 (L) 和时间很长 (VL), 其隶属度函数的图像如图 5.5 所示。

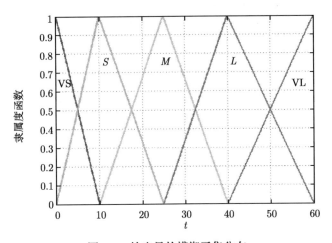

图 5.5   输出量的模糊子集分布

输出量的五个模糊集, 即时间很短 (VS)、时间短 (S)、时间中等 (M)、时间长 (L) 和时间很长 (VL), 其隶属度函数选取为如式 (5.27) 所示的三角形式:

$$\mathrm{VS}(t) = \frac{10 - t}{10}, \quad 0 \leqslant t \leqslant 10$$

$$S(t) = \begin{cases} \dfrac{t}{10}, & 0 \leqslant t \leqslant 10 \\ \dfrac{25 - t}{15}, & 10 < t \leqslant 25 \end{cases}$$

$$M(t) = \begin{cases} \dfrac{t-10}{15}, & 10 < t \leqslant 25 \\ \dfrac{40-t}{15}, & 25 < x \leqslant 40 \end{cases}$$

$$L(t) = \begin{cases} \dfrac{t-25}{15}, & 25 < t \leqslant 40 \\ \dfrac{60-t}{20}, & 40 < x \leqslant 60 \end{cases}$$

$$\mathrm{VL}(t) = \dfrac{t-40}{20}, \quad 40 < x \leqslant 60 \tag{5.27}$$

3. 建立模糊规则

根据人们的操作经验, 归纳出以下三条模糊规则。

(1) 泥沙越多, 油脂越多, 洗涤时间就越长。

(2) 泥沙适中, 油脂适中, 洗涤时间就适中。

(3) 泥沙越少, 油脂越少, 洗涤时间就越短。

泥沙和油脂含量各分三种情况进行组合搭配, 可得九条模糊控制规则, 如表 5.1 所示。

表 5.1　模糊洗衣机洗涤控制规则表 (实例 1)

控制规则	SG	MG	LG
SS	VS(1)	$M(4)$	$L(7)$
MS	$S(2)$	$M(5)$	$L(8)$
LS	$M(3)$	$L(6)$	VL(9)

注: 表中 (1)~(9) 是九条规则的序号。

4. 模糊推理

为了便于比较, 让油脂输入量分别在 80、45 和 5 上变化, 让泥沙输入量分别在 65、20 和 5 上变化。下面为了便于计算, 分别固定油脂的量, 让泥沙输入量分别在 65、20 和 5 上变化。用 $R_i(t)$ 表示第 i 条规则的蕴涵关系, $U_i(t)$ 表示第 i 条规则得到的模糊输出量。

1) 第一种情况

固定油脂输入量为 80, 让泥沙输入量分别在 65、20 和 5 上变化。

采用取小模糊推理算法, 当某时刻测得的清晰输入量为 $x = 65$、$y = 80$ 时, 根据图 5.3 可知, 清晰量 $x = 65$ 模糊化后只映射到模糊子集 MS(x) 和 LS(x) 上; 由

图 5.4 可知，清晰量 $y = 80$ 经过模糊化后只映射到模糊子集 MG(y) 和 LG(y) 上。由表 5.1 可知，这样的输入量只激活四条规则，即模糊控制规则 (5)、(6)、(8)、(9)。下面计算每条规则推得的输出模糊量 $U_i(t)$。

(1) 对于模糊控制规则 (5)，由于 MS(65) = 0.7、MG(80) = 0.4，输出为

$$U_5(t) = (\text{MS}(65) \wedge \text{MG}(80)) \circ R_5(t)$$
$$= \text{MS}(65) \wedge \text{MG}(80) \wedge M(t)$$
$$= 0.7 \wedge 0.4 \wedge M(t)$$
$$= 0.4 \wedge M(t)$$

(2) 对于模糊控制规则 (6)，由于 LS(65) = 0.3、MG(80) = 0.4，输出为

$$U_6(t) = (\text{LS}(65) \wedge \text{MG}(80)) \circ R_6(t)$$
$$= \text{LS}(65) \wedge \text{MG}(80) \wedge L(t)$$
$$= 0.3 \wedge 0.4 \wedge L(t)$$
$$= 0.3 \wedge L(t)$$

(3) 对于模糊控制规则 (8)，由于 MS(65) = 0.7、LG(80) = 0.6，输出为

$$U_8(t) = (\text{MS}(65) \wedge \text{LG}(80)) \circ R_8(t)$$
$$= \text{MS}(65) \wedge \text{LG}(80) \wedge L(t)$$
$$= 0.7 \wedge 0.6 \wedge L(t)$$
$$= 0.6 \wedge L(t)$$

(4) 对于模糊控制规则 (9)，由于 MS(65) = 0.7、LG(80) = 0.6，输出为

$$U_9(t) = (\text{LS}(65) \wedge \text{LG}(80)) \circ R_9(t)$$
$$= \text{LS}(65) \wedge \text{LG}(80) \wedge \text{VL}(t)$$
$$= 0.3 \wedge 0.6 \wedge \text{VL}(t)$$
$$= 0.3 \wedge \text{VL}(t)$$

因此，对于第一种情况，采用取小推理算法，当输入量 $x = 65$、$y = 80$ 时，最后总输出的模糊子集 $U_{\min}(t)$ 是 4 个模糊子集 $U_5(t)$、$U_6(t)$、$U_8(t)$ 和 $U_9(t)$ 的并，即

$$U_{\min}(t) = U_5(t) \cup U_6(t) \cup U_8(t) \cup U_9(t)|_{\min}$$
$$= (0.4 \wedge M(t)) \cup (0.3 \wedge L(t)) \cup (0.6 \wedge L(t)) \cup (0.3 \wedge \mathrm{VL}(t))$$

以下是由乘积推理算法得到总输出的模糊子集 $U_{\mathrm{prod}}(t)$ 的具体步骤。

(1) 对于模糊控制规则 (5)，由于 $\mathrm{MS}(65) = 0.7$、$\mathrm{MG}(80) = 0.4$，输出为

$$U_5(t) = (\mathrm{MS}(65) \times \mathrm{MG}(80)) \circ R_5(t)$$
$$= \mathrm{MS}(65) \times \mathrm{MG}(80) \times M(t)$$
$$= 0.7 \times 0.4 \times M(t)$$
$$= 0.28 \times M(t)$$

(2) 对于模糊控制规则 (6)，由于 $\mathrm{LS}(65) = 0.3$、$\mathrm{MG}(80) = 0.4$，输出为

$$U_6(t) = (\mathrm{LS}(65) \times \mathrm{MG}(80)) \circ R_6(t)$$
$$= \mathrm{LS}(65) \times \mathrm{MG}(80) \times L(t)$$
$$= 0.3 \times 0.4 \times L(t)$$
$$= 0.12 \times L(t)$$

(3) 对于模糊控制规则 (8)，由于 $\mathrm{MS}(65) = 0.7$、$\mathrm{LG}(80) = 0.6$，输出为

$$U_8(t) = (\mathrm{MS}(65) \times \mathrm{LG}(80)) \circ R_8(t)$$
$$= \mathrm{MS}(65) \times \mathrm{LG}(80) \times L(t)$$
$$= 0.7 \times 0.6 \times L(t)$$
$$= 0.42 \times L(t)$$

(4) 对于模糊控制规则 (9)，由于 $\mathrm{MS}(65) = 0.7$、$\mathrm{LG}(80) = 0.6$，输出为

$$U_9(t) = (\mathrm{LS}(65) \times \mathrm{LG}(80)) \circ R_9(t)$$

$$= \mathrm{LS}(65) \times \mathrm{LG}(80) \times \mathrm{VL}(t)$$

$$= 0.3 \times 0.6 \times \mathrm{VL}(t)$$

$$= 0.18 \times \mathrm{VL}(t)$$

因此, 对于第一种情况, 采用乘积推理算法, 当输入量 $x = 65$、$y = 80$ 时, 最后总输出的模糊子集 $U_{\mathrm{prod}}(t)$ 是 4 个模糊子集 $U_5(t)$、$U_6(t)$、$U_8(t)$ 和 $U_9(t)$ 的并集:

$$U_{\mathrm{prod}}(t) = U_5(t) \cup U_6(t) \cup U_8(t) \cup U_9(t)|_{\mathrm{prod}}$$
$$= (0.28 \wedge M(t)) \cup (0.12 \wedge L(t)) \cup (0.42 \wedge L(t)) \cup (0.18 \wedge \mathrm{VL}(t))$$

下面利用面向后件集的模糊推理方法对第一种情况 (输入量 $x = 65$、$y = 80$ 时) 进行求解。先进行以下设定:

MS 和 MG 对 M 的影响度分别为 0.3 和 0.8, 即 $i_{\mathrm{MS},M} = 0.3$、$i_{\mathrm{MG},M} = 0.8$;

LS 和 MG 对 L 的影响度分别为 0.2 和 0.85, 即 $i_{\mathrm{LS},L} = 0.2$、$i_{\mathrm{MG},L} = 0.85$;

MS 和 LG 对 L 的影响度分别为 0.25 和 0.6, 即 $i_{\mathrm{MS},L} = 0.25$、$i_{\mathrm{LG},L} = 0.6$;

LS 和 LG 对 VL 的影响度分别为 0.4 和 0.85, 即 $i_{\mathrm{LS},\mathrm{VL}} = 0.4$、$i_{\mathrm{LG},\mathrm{VL}} = 0.85$。

因此, 采用面向后件集的模糊推理算法, 具体推理过程如下。

(1) 对于模糊控制规则 (5), 由于 $\mathrm{MS}(65) = 0.7$、$\mathrm{MG}(80) = 0.4$, 输出为

$$U_5(t)|_{\mathrm{COFI}} = \left(\frac{\mathrm{MS}(65) \times i_{\mathrm{MS},M} + \mathrm{MG}(80) \times i_{\mathrm{MG},M}}{i_{\mathrm{MS},M} + i_{\mathrm{MG},M}} \right) \circ R_5(t)$$

$$= \left(\frac{\mathrm{MS}(65) \times i_{\mathrm{MS},M} + \mathrm{MG}(80) \times i_{\mathrm{MG},M}}{i_{\mathrm{MS},M} + i_{\mathrm{MG},M}} \right) \wedge M(t)$$

$$= \frac{0.7 \times 0.3 + 0.4 \times 0.8}{0.3 + 0.8} \wedge M(t)$$

$$= 0.48 \wedge M(t)$$

(2) 对于模糊控制规则 (6), 由于 $\mathrm{LS}(65) = 0.3$、$\mathrm{MG}(80) = 0.4$, 输出为

$$U_6(t)|_{\mathrm{COFI}} = \left(\frac{\mathrm{LS}(65) \times i_{\mathrm{LS},L} + \mathrm{MG}(80) \times i_{\mathrm{MG},L}}{i_{\mathrm{LS},L} + i_{\mathrm{MG},L}} \right) \circ R_6(t)$$

$$= \frac{0.3 \times 0.2 + 0.4 \times 0.85}{0.2 + 0.85} \wedge L(t)$$

$$= 0.3810 \wedge L(t)$$

(3) 对于模糊控制规则 (8)，由于 MS(65) = 0.7、LG(80) = 0.6，输出为

$$U_8(t)|_{\text{COFI}} = \left(\frac{\text{MS}(65) \times i_{\text{MS},L} + \text{LG}(80) \times i_{\text{LG},L}}{i_{\text{MS},L} + i_{\text{LG},L}} \right) \circ R_8(t)$$

$$= \frac{0.7 \times 0.25 + 0.6 \times 0.6}{0.25 + 0.6} \wedge L(t)$$

$$= 0.6294 \wedge L(t)$$

(4) 对于模糊控制规则 (9)，由于 MS(65) = 0.7、LG(80) = 0.6，输出为

$$U_9(t)|_{\text{COFI}} = \left(\frac{\text{LS}(65) \times i_{\text{LS},\text{VL}} + \text{LG}(80) \times i_{\text{LG},\text{VL}}}{i_{\text{LS},\text{VL}} + i_{\text{LG},\text{VL}}} \right) \circ R_9(t)$$

$$= \frac{0.3 \times 0.4 + 0.6 \times 0.85}{0.4 + 0.85} \wedge \text{VL}(t)$$

$$= 0.5040 \wedge \text{VL}(t)$$

因此，采用面向后件集的模糊推理算法，最后总输出的模糊子集 $U_{\text{COFI}}(t)$ 是 4 个模糊子集 $U_5(t)|_{\text{COFI}}$、$U_6(t)|_{\text{COFI}}$、$U_8(t)|_{\text{COFI}}$ 和 $U_9(t)|_{\text{COFI}}$ 的并集：

$$U_{\text{COFI}}(t) = U_5(t)|_{\text{COFI}} \cup U_6(t)|_{\text{COFI}} \cup U_8(t)|_{\text{COFI}} \cup U_9(t)|_{\text{COFI}}$$

$$= (0.48 \wedge M(t)) \cup (0.3810 \wedge L(t)) \cup (0.6294 \wedge L(t)) \cup (0.5040 \wedge \text{VL}(t))$$

对于输入激活的每条规则 (模糊控制规则 (5)、(6)、(8) 和 (9))，在分别采用取小、乘积、面向后件集的模糊推理方法时，都有 $U_i(t)|_{\text{prod}} < U_i(t)|_{\text{min}} \leqslant U_i(t)|_{\text{COFI}}$，故在比较三种推理算法的最终推理结果时，仅用规则 (5) 为例进行说明即可。各种推理结果如表 5.2~表 5.4 所示，相应的激活规则如图 5.6(a)、(b)、(c) 所示，图 5.6 程序详见附录。

表 5.2　$\mu_{\text{MS}}(x') = 0.7$、$\mu_{\text{MG}}(x') = 0.4$ 时三种模糊推理的比较结果

模糊推理	激活水平	规则输出	激活规则
取小推理	$0.7 \wedge 0.4$	$0.4 \wedge M(t)$	
乘积推理	$0.7 \times 0.4 = 0.28$	$0.28 \wedge M(t)$	三种模糊推理结果的梯形
面向后件集的推理	$\dfrac{0.7 \times 0.3 + 0.4 \times 0.8}{0.3 + 0.8}$	$0.48 \wedge M(t)$	比较结果如图 5.6(a) 所示

表 5.3　$\mu_{\mathrm{MS}}(x') = 0.4$、$\mu_{\mathrm{MG}}(x') = 0.4$ 时三种模糊推理的比较结果

模糊推理	激活水平	规则输出	激活规则
取小推理	$0.4 \wedge 0.4$	$0.4 \wedge M(t)$	
乘积推理	$0.4 \times 0.4 = 0.16$	$0.16 \wedge M(t)$	三种模糊推理结果的梯形比较结果如图 5.6(b) 所示
面向后件集的推理	$\dfrac{0.4 \times 0.3 + 0.4 \times 0.8}{0.3 + 0.8}$	$0.4 \wedge M(t)$	

表 5.4　$\mu_{\mathrm{MS}}(x') = 0.1$、$\mu_{\mathrm{MG}}(x') = 0.4$ 时三种模糊推理的比较结果

模糊推理	激活水平	规则输出	激活规则
取小推理	$0.1 \wedge 0.4$	$0.1 \wedge M(t)$	
乘积推理	$0.1 \times 0.4 = 0.04$	$0.04 \wedge M(t)$	三种模糊推理结果的梯形比较结果如图 5.6(c) 所示
面向后件集的推理	$\dfrac{0.1 \times 0.3 + 0.4 \times 0.8}{0.3 + 0.8}$	$0.32 \wedge M(t)$	

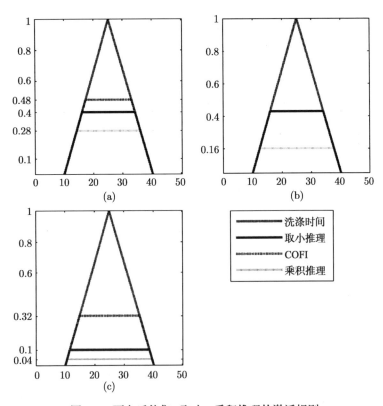

图 5.6　面向后件集、取小、乘积推理的激活规则

根据实际生活经验，对于等量的油脂和泥沙，洗涤时间应该由油脂量决定。然而，从表 5.4 和图 5.6(c) 可以得出以下结论。

(1) 取小模糊推理的结果是由泥沙量决定的，甚至在 MS 的隶属度小于 MG 的情况下也是如此，但实际上此时的洗涤时间应该由油脂量决定。可见，取小模糊推理往往会遗漏输入量与输出量间的相关性信息，甚至完全忽略其他前件集，得到不切合实际的结果。

(2) 乘积推理的结果如表 5.2～表 5.4 和图 5.6(a)、(b)、(c) 所示。尽管同时考虑了油脂量和泥沙量，但它隐含了一个条件，即等量的泥沙和等量的油脂对洗涤时间的影响程度是相同的，这并不符合实际经验。

(3) 表 5.2～表 5.4 的推理结果和图 5.6(a)、(b)、(c) 都表明由面向后件集的模糊推理得到的结果不仅考虑了泥沙量和油脂量，而且包含了它们对洗涤时间的影响，显然这更符合实际情况。

2) 第二种情况

固定油脂输入量为 45，让泥沙输入量分别在 65、20 和 5 上变化。

当某时刻测得的清晰输入量为 $x = 65$、$y = 45$ 时，根据图 5.3 可知，清晰量 $x = 65$ 经过模糊化后只映射到模糊子集 $MS(x)$ 和 $LS(x)$ 上；由图 5.4 可知，清晰量 $y = 45$ 经过模糊化后只映射到模糊子集 $SG(y)$ 和 $MG(y)$ 上。由表 5.1 可知，这样的输入量只激活模糊控制规则 (2)、(3)、(5)、(6)。表 5.5 给出了每条规则推得的输出模糊量 $U_i(t)$。

表 5.5 $x = 65$、$y = 45$ 时取小推理的输出模糊量 $U_i(t)|_{\min}$

模糊推理输出	SG(45)	MG(45)
MS(65)	$U_2(t) = 0.1 \wedge S(t)$	$U_5(t) = 0.7 \wedge M(t)$
LS(65)	$U_3(t) = 0.1 \wedge M(t)$	$U_6(t) = 0.3 \wedge L(t)$

因此，当输入量 $x = 65$、$y = 45$ 时，采用取小推理，最后总输出的模糊子集 $U_{\min}(t)$ 是 4 个模糊子集 $U_2(t)$、$U_3(t)$、$U_5(t)$ 和 $U_6(t)$ 的并：

$$U_{\min}(t) = U_2(t) \cup U_3(t) \cup U_5(t) \cup U_6(t)|_{\min}$$

$$= (0.1 \wedge S(t)) \cup (0.1 \wedge M(t)) \cup (0.7 \wedge M(t)) \cup (0.3 \wedge L(t))$$

以下是当 $x = 65$、$y = 45$ 时由乘积推理算法得到总输出的模糊子集 $U_{\mathrm{prod}}(t)$ 的步骤，此处不再详述。乘积推理的输出模糊量详见表 5.6。

表 5.6　$x = 65$、$y = 45$ 时乘积推理的输出模糊量 $U_i(t)|_{\mathrm{prod}}$

模糊推理输出	SG(45)	MG(45)
MS(65)	$U_2(t) = 0.07 \wedge S(t)$	$U_5(t) = 0.63 \wedge M(t)$
LS(65)	$U_3(t) = 0.03 \wedge M(t)$	$U_6(t) = 0.27 \wedge L(t)$

因此, 采用乘积推理算法, 当输入量 $x = 65$、$y = 45$ 时最后总输出的模糊子集 $U_{\mathrm{prod}}(t)$ 为

$$U_{\mathrm{prod}}(t) = U_2(t) \cup U_3(t) \cup U_5(t) \cup U_6(t)|_{\mathrm{prod}}$$
$$= (0.07 \wedge S(t)) \cup (0.03 \wedge M(t)) \cup (0.63 \wedge M(t)) \cup (0.27 \wedge L(t))$$

下面利用面向后件集的模糊推理方法对输入量 $x = 65$、$y = 45$ 时的情况进行求解。先进行以下设定:

MS 和 SG 对 S 的影响度分别为 0.25 和 0.8, 即 $i_{\mathrm{MS},S} = 0.25$、$i_{\mathrm{SG},S} = 0.8$;

LS 和 SG 对 M 的影响度分别为 0.3 和 0.8, 即 $i_{\mathrm{LS},M} = 0.3$、$i_{\mathrm{SG},M} = 0.8$;

MS 和 MG 对 M 的影响度分别为 0.4 和 0.85, 即 $i_{\mathrm{MS},M} = 0.4$、$i_{\mathrm{MG},M} = 0.85$;

LS 和 MG 对 L 的影响度分别为 0.45 和 0.65, 即 $i_{\mathrm{LS},L} = 0.45$、$i_{\mathrm{MG},L} = 0.65$。

因此, 采用面向后件集的模糊推理算法, 最后总输出的模糊子集 $U_{\mathrm{COFI}}(t)$ 为

$$U_{\mathrm{COFI}}(t) = U_2(t)|_{\mathrm{COFI}} \cup U_3(t)|_{\mathrm{COFI}} \cup U_5(t)|_{\mathrm{COFI}} \cup U_6(t)|_{\mathrm{COFI}}$$
$$= (0.2429 \wedge S(t)) \cup (0.1545 \wedge M(t)) \cup (0.836 \wedge M(t)) \cup (0.6545 \wedge L(t))$$

面向后件集的推理的输出模糊量详见表 5.7。

表 5.7　$x = 65$、$y = 45$ 时面向后件集的推理的输出模糊量 $U_i(t)|_{\mathrm{COFI}}$

模糊推理输出	SG(45)	MG(45)
MS(65)	$\dfrac{0.7 \times 0.25 + 0.1 \times 0.8}{0.25 + 0.8} \wedge S(t)$	$\dfrac{0.7 \times 0.4 + 0.9 \times 0.85}{0.4 + 0.85} \wedge M(t)$
LS(65)	$\dfrac{0.3 \times 0.3 + 0.1 \times 0.8}{0.3 + 0.8} \wedge M(t)$	$\dfrac{0.3 \times 0.45 + 0.9 \times 0.65}{0.45 + 0.65} \wedge L(t)$

对于输入激活的每条规则 (模糊控制规则 (2)、(3)、(5) 和 (6)), 在分别采用取小、乘积、面向后件集的模糊推理方法时, 都有 $U_i(t)|_{\mathrm{prod}} < U_i(t)|_{\mathrm{min}} \leqslant U_i(t)|_{\mathrm{COFI}}$, 故在比较三种推理算法的最终推理结果时, 同样仅用规则 (5) 为例进行说明即可。各种推理结果如表 5.8~表 5.10 所示, 相应的激活规则如图 5.7(a)、(b)、(c) 所示, 图 5.7 程序详见附录。

表 5.8 $\mu_{\mathrm{MS}}(x') = 0.7$、$\mu_{\mathrm{MG}}(x') = 0.9$ 时三种模糊推理的比较结果

模糊推理	激活水平	规则输出	激活规则
取小推理	$0.7 \wedge 0.9$	$0.7 \wedge M(t)$	
乘积推理	$0.7 \times 0.9 = 0.63$	$0.63 \wedge M(t)$	三种模糊推理结果的梯形
面向后件集的推理	$\dfrac{0.7 \times 0.4 + 0.9 \times 0.85}{0.4 + 0.85}$	$0.836 \wedge M(t)$	比较结果如图 5.7(a) 所示

表 5.9 $\mu_{\mathrm{MS}}(x') = 0.45$、$\mu_{\mathrm{MG}}(x') = 0.9$ 时三种模糊推理的比较结果

模糊推理	激活水平	规则输出	激活规则
取小推理	$0.45 \wedge 0.9$	$0.45 \wedge M(t)$	
乘积推理	$0.45 \times 0.9 = 0.2$	$0.405 \wedge M(t)$	三种模糊推理结果的梯形
面向后件集的推理	$\dfrac{0.45 \times 0.4 + 0.9 \times 0.85}{0.4 + 0.85}$	$0.7269 \wedge M(t)$	比较结果如图 5.7(b) 所示

表 5.10 $\mu_{\mathrm{MS}}(x') = 0.1$、$\mu_{\mathrm{MG}}(x') = 0.9$ 时三种模糊推理的比较结果

模糊推理	激活水平	规则输出	激活规则
取小推理	$0.1 \wedge 0.9$	$0.1 \wedge M(t)$	
乘积推理	$0.1 \times 0.9 = 0.09$	$0.09 \wedge M(t)$	三种模糊推理结果的梯形
面向后件集的推理	$\dfrac{0.1 \times 0.4 + 0.9 \times 0.85}{0.4 + 0.85}$	$0.6192 \wedge M(t)$	比较结果如图 5.7(c) 所示

根据实际生活经验, 在油脂量比较大的情况下, 洗涤时间应该由油脂量决定。然而, 从表 5.8~表 5.10 和图 5.7 可以得到以下结论。

(1) 取小模糊推理的洗涤时间完全是由泥沙量决定的, 甚至在 MS 的隶属度小于 MG 的情况下也是如此。但实际中, 此时的洗涤时间应该由油脂量决定。可见, 取小模糊推理往往会遗漏输入量与输出量间的相关性信息, 甚至完全忽略其他前件集, 得到不切合实际的结果。

(2) 乘积推理的结果如表 5.8~表 5.10 和图 5.7(a)、(b)、(c) 所示。尽管同时考虑了油脂量和泥沙量, 但同样隐含了一个条件, 即泥沙和等量的油脂对洗涤时间的影响程度是相同的, 这并不符合实际经验。

(3) 表 5.8~表 5.10 的推理结果和图 5.7(a)、(b)、(c), 都表明由面向后件集的模糊推理得到的结果不仅考虑了泥沙量和油脂量, 而且包含了它们对洗涤时间的影响, 显然这更符合实际情况。

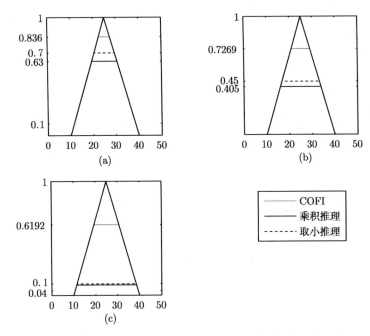

图 5.7   面向后件集、取小、乘积推理的激活规则

3) 第三种情况

固定油脂输入量为 5,让泥沙输入量分别在 65、20 和 5 上变化。该情况和前两种类似,此处不再赘述。

5. 清晰化

不同的模糊推理方法所得的推理结果不同,即不同推理方法之间的区别集中体现在推理结果上。清晰化过程仅仅是处理模糊推理的结果,然后产生一个清晰值,因此该清晰值并不能反映不同推理方法之间的区别。

这里不再详细叙述清晰化过程,关于清晰化的详细定义和具体方法请参考模糊系统与模糊控制的经典教材 [2]。

5.4.2   实例 2: 基于区间型 Type-2 的 COFI 仿真分析

1. 确定模糊控制器的结构

设计该控制器有两个输入: ① 衣物的泥沙含量 $x \in [0, 100]$; ② 衣物的油脂含量 $y \in [0, 100]$。这两个输入量可由分光光度计传感器检测出来。因为只考虑洗涤时间 $t \in [0, 60]$,所以采用双输入–单输出的结构。

2. 输入变量与输出变量的模糊子集分布

图 5.8 给出了输入变量与输出变量的下隶属度函数和上隶属度函数及其相应的 FOU。将输入量和输出量的值均标准化为 0~100，该范围覆盖了分光光度计传感器的值域。

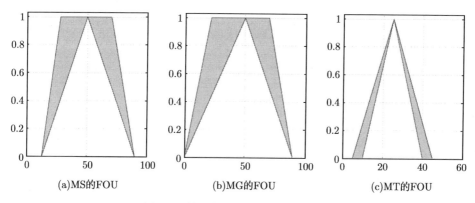

(a)MS的FOU   (b)MG的FOU   (c)MT的FOU

图 5.8 输入变量与输出变量的 FOU

3. 建立模糊规则

根据人们的操作经验，归纳出以下三条模糊规则。

(1) 泥沙越多，油脂越多，洗涤时间就越长。

(2) 泥沙适中，油脂适中，洗涤时间就适中。

(3) 泥沙越少，油脂越少，洗涤时间就越短。

泥沙和油脂含量各分三种情况进行组合搭配，可得九条模糊控制规则，如表 5.11 所示。

表 5.11 模糊洗衣机洗涤控制规则表 (实例 2)

模糊规则	SG	MG	LG
SS	VS(1)	$\tilde{M}(4)$	$\tilde{L}(7)$
MS	$\tilde{S}(2)$	$\tilde{M}(5)$	$\tilde{L}(8)$
LS	$\tilde{M}(3)$	$\tilde{L}(6)$	VL(9)

注: 表中 (1)~(9) 是九条规则的序号。

4. 模糊推理

为了便于比较，固定油脂量为 15，让泥沙量分别在 74、20 和 16 上变化。激活规则的情况如下。

第一种情况，即 $x = 15$、$y = 74$ 时，激活了四条模糊规则，即规则 (5)、(6)、(8) 和 (9)。

第二种情况，即 $x = 15$、$y = 20$ 时，激活另四条模糊规则，即规则 (4)、(5)、(7) 和 (8)。

第三种情况，即 $x = 15$、$y = 16$ 时，激活了四条模糊规则，即规则 (4)、(5)、(7) 和 (8)。

仍假设 $\widetilde{MS}$ 和 $\widetilde{MG}$ 对 $\widetilde{MT}$ 的影响度分别为 0.3 和 0.8。这里用较复杂的规则 (5) 和规则 (8) 进行比较。有关规则 (5) 的推理结果总结在表 5.12~表 5.14 中，表中的程序详见附录。

由于 $A(x) * B(x)$ 总小于 $A(x) \wedge B(x)$（$*$ 和 $\wedge$ 分别表示乘积和取小 t-范数)，如果 COFI 优于取小推理，则也必然优于乘积推理。这里的"优劣"指模糊推理所得的激活规则面积的大小，面积越大说明模糊推理捕获到规则中的不确定性信息越多。因此，表 5.12~表 5.14 没有列出乘积推理的激活规则示意图。

表 5.12　$J_{\widetilde{MS}}(x') = [0.4, 0.8]$、$J_{\widetilde{MG}}(x') = [0.3, 0.7]$ 时三种模糊推理的比较结果

模糊推理	取小模糊推理	乘积模糊推理	具有 CRD 的 COFI
激活区间	[0.2,0.4]	[0.06,0.2]	[0.23,0.47]
规则输出	[0.2,0.4]$\bigstar \tilde{M}$	[0.06,0.2]$\bigstar \tilde{M}$	[0.23,0.47]$\bigstar \tilde{M}$

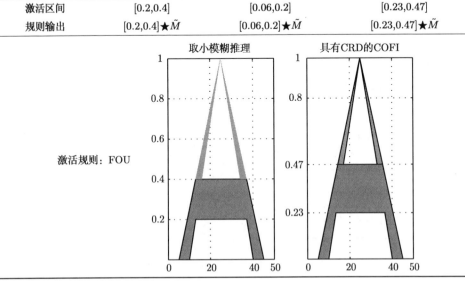

由表 5.12 可见，当泥沙量远大于油脂量时，取小推理的规则输出仍由油脂量唯一决定 ([0.2, 0.4] $\bigstar \tilde{M}$)；乘积推理的结果没有反映泥沙含量对时间的影响 ([0.06,

$0.2] \cap J_{\widetilde{MG}}(15) = \varnothing$）；COFI 则同时考虑了泥沙量和油脂量两个因素（$[0.23, 0.47] \bigstar \tilde{M}$），且所得 FOU 的面积（梯形部分，下同）比两者大（左右两侧 FOU 的面积分别为 7.35 和 7.38）。

表 5.13 表明，当泥沙量减小时，取小和乘积推理的结果与表 5.11 相似，均由油脂量唯一决定；COFI 则不仅完全考虑了泥沙因素（$[0.2, 0.5] \subset [0.2, 0.53]$），而且较好地考虑了油脂因素（$[0.04, 0.3] \cap [0.2, 0.53] \neq \varnothing$），且 FOU 面积显著增大。

表 5.13 $\quad J_{\widetilde{MS}}(x') = [0.2, 0.5]$、$J_{\widetilde{MG}}(x') = [0.3, 0.7]$ 时三种模糊推理的比较结果

模糊推理	取小模糊推理	乘积模糊推理	具有 CRD 的 COFI
激活区间	$[0.2, 0.5]$	$[0.04, 0.3]$	$[0.2, 0.53]$
规则输出	$[0.2, 0.5] \bigstar \tilde{M}$	$[0.04, 0.3] \bigstar \tilde{M}$	$[0.2, 0.53] \bigstar \tilde{M}$

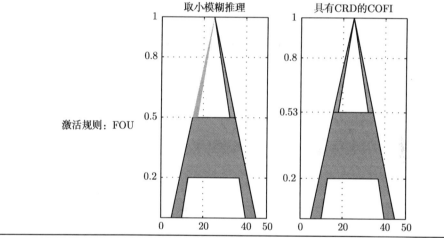

表 5.14 反映，当油脂量等于泥沙量时，取小和乘积推理的结果由泥沙唯一决定，这与实际经验不符。COFI 仍兼顾了两种因素，并且 FOU 的面积明显较大，这是因为此时考虑了每个前件集（泥沙量和油脂量）对后件集（洗涤时间）的相关性信息。

表 5.12～表 5.14 表明，取小和乘积模糊推理得到的激活规则有时仅由其中一个前件集决定，而忽略了其他前件集，这会丢失后件集与某些前件集之间的一些信息。表 5.15 给出了相关度 r_1 与 r_2 变化时 COFI 推理的 FOU 面积，此时取小模糊推理所得的面积为 5.20。表 5.16 给出了泥沙量和油脂量变化时的推理结果。表 5.17 和表 5.18 给出了规则 (8) 的相应推理结果。其中，表 5.17 是相关度 r_1 与 r_2 变化时 COFI 推理的 FOU 面积，此时取小模糊推理所得的面积为 4.24；表 5.18 给

出了泥沙量和油脂量变化时的推理结果。

表 5.14　$J_{\widetilde{MS}}(x') = [0.1, 0.25]$、$J_{\widetilde{MG}}(x') = [0.3, 0.7]$ 时三种模糊推理的比较结果

模糊推理	取小模糊推理	乘积模糊推理	具有 CRD 的 COFI
激活区间	[0.1,0.3]	[0.02,0.15]	[0.17,0.45]
规则输出	[0.1,0.3]★$\tilde{M}$	[0.02,0.15]★$\tilde{M}$	[0.17,0.45]★$\tilde{M}$

取小模糊推理　　　　　　　具有CRD的COFI

激活规则：FOU

表 5.15　相关度 r_1 与 r_2 变化时的推理结果1

r_1 \ r_2	0.1	0.2	0.3	0.4	0.5	0.6	0.7	0.8	0.9	1.0
0.1	8.21	7.95	7.90	7.84	7.81	7.78	7.74	7.71	6.88	6.84
0.2	8.44	8.41	8.37	8.35	8.28	8.23	8.16	8.09	7.87	7.64
0.3	9.21	9.18	9.06	9.02	8.78	8.74	8.64	8.61	8.58	8.46
0.4	9.33	9.30	9.28	9.24	9.17	8.85	8.76	8.68	8.62	8.58
0.5	9.38	9.35	9.30	9.27	9.22	9.17	9.13	9.06	9.01	8,76
0.6	9.42	9.38	9.35	9.30	9.26	9.23	9.12	9.08	9.02	8.54
0.7	9.47	9.44	9.38	9.33	9.30	9.27	9.24	9.19	9.05	9.02
0.8	9.53	9.48	9.43	9.41	9.37	9.34	9.27	9.22	9.18	9.14
0.9	10.14	10.11	10.07	9.86	9.75	9.68	9.62	9.51	9.47	9.36
1.0	10.20	10.13	10.07	10.02	9.85	9.76	9.73	9.69	9.64	9.55

关于模糊规则 (8) 的相应推理结果如表 5.17 与表 5.18 所示。其中，表 5.17 是相关度 r_1 与 r_2 变化时面向后件集的模糊推理的 FOU 面积，此时取小模糊推理所得的面积为 4.24；表 5.18 给出了泥沙量和油脂量变化时面向后件集的模糊推理与取小模糊推理的 FOU 面积。

表 5.16 泥沙量和油脂量变化时的推理结果1

x'	52	54	56	58	60	62	64	66	68	70
y'	5	10	15	20	25	30	35	40	45	50
COFI	8.14	9.79	12.47	11.57	10.37	9.62	8.92	7.66	6.04	6.64
Min	3.49	4.28	6.36	2.51	2.65	3.29	3.74	2.04	4.01	5.50
x'	72	74	76	78	80	82	84	86	88	90
y'	55	60	65	70	75	80	85	90	95	100
COFI	9.52	9.36	7.47	7.58	8.81	8.77	7.85	7.51	6.33	4.06
Min	4.87	5.62	6.33	7.26	8.07	6.24	3.68	6.39	4.62	2.77

表 5.17 相关度 r_1 与 r_2 变化时的推理结果2

r_1 \ r_2	0.1	0.2	0.3	0.4	0.5	0.6	0.7	0.8	0.9	1.0
0.1	8.52	8.48	8.43	8.40	8.37	6.75	6.64	6.58	6.42	6.36
0.2	8.71	8.65	8.62	8.58	8.49	8.33	7.87	7.62	7.58	6.64
0.3	8.90	8.86	8.74	8.53	8.50	8.48	8.44	8.31	8.24	7.82
0.4	9.06	9.02	8.87	8.81	8.76	8.66	8.58	8.41	8.37	7.93
0.5	9.32	9.26	9.19	9.13	9.08	9.02	8.68	8.78	8.63	8.34
0.6	9.48	9.41	9.38	9.30	9.27	9.19	9.13	9.05	8.92	8.75
0.7	9.61	9.59	9.54	9.47	9.41	9.34	9.29	9.24	9.16	8.82
0.8	9.80	9.76	9.71	9.69	9.64	9.57	9.52	9.47	9.43	9.37
0.9	9.86	9.82	9.77	9.72	9.69	9.61	9.59	9.56	9.54	9.43
1.0	9.93	9.87	9.81	9.79	9.74	9.68	9.66	9.61	9.57	9.52

表 5.18 泥沙量和油脂量变化时的推理结果2

y'	30	32	34	36	38	40	42	44	46	48
COFI	7.68	7.62	7.59	7.55	7.46	7.43	7.39	7.35	7.28	7.13
Min	4.86	4.82	4.76	4.72	4.69	4.66	4.57	4.53	4.17	3.98
y'	50	52	54	56	58	60	62	64	66	68
COFI	6.35	6.31	6.27	6.24	6.18	5.80	5.74	5.71	5.66	5.62
Min	3.46	3.41	3.37	3.32	3.29	3.25	3.20	3.18	3.13	2.82
x'	70	71.5	73	74.5	76	77.5	79	80.5	82	83.5
COFI	6.42	6.38	6.34	6.48	6.43	6.39	6.33	6.27	6.23	6.21
Min	6.36	6.33	5.85	5.81	5.76	5.73	5.64	5.58	5.53	5.46
x'	85	86.5	88	89.5	91	92.5	94	95.5	97	98.5
COFI	8.83	8.78	8.73	8.67	8.54	8.47	8.38	8.32	8.26	8.14
Min	6.43	6.41	6.37	6.33	6.29	6.23	6.17	5.58	5.52	5.46

5.5　本 章 小 结

本章提出了模糊集 O-O 变换的概念, 并基于此介绍了具有清晰相关度的面向后件集的模糊推理方法。该推理方法考虑了规则中前件集与后件集的相关性信息, 如影响度、相关度等, 推理结果比广泛应用于工程上的取小和乘积模糊推理得到的结果更合理。实例仿真表明, 面向后件集的模糊推理方法是可行的, 能捕捉到模糊规则中更多的不确定性信息。

当前件集与后件集的影响度或相关度不能由清晰数描述时, 本章提出的具有清晰相关度的面向后件集的模糊推理方法则无法将这种模糊的相关度引入模糊推理中。因此, 需要对模糊集 O-O 变换的概念以及具有清晰相关度的面向后件集的推理方法进行扩展, 以便能在模糊逻辑系统中引入这种模糊的相关性信息, 这将在第 6 章中讨论。

第6章 具有模糊相关度的 COFI 及其在模糊逻辑系统中的应用

6.1 引　言

模糊逻辑系统,如 Type-1、区间型 Type-2 和一般型 Type-2 模糊逻辑系统,在处理现实世界中的语言不确定性问题上表现出极大的优越性。模糊逻辑的核心是模糊推理,现存的模糊推理方法,如取小和乘积模糊推理,在推理过程中总是只利用模糊规则中的一个前件集或者毫无区别地对待每个前件集。然而,事物之间总是相互联系、相互作用的,这种没有考虑前件集与后件集相关性信息的模糊推理无疑会遗漏模糊规则中的一些信息。

由第 5 章可知,当模糊规则中的前件集与后件集之间的相关性信息可以由一个清晰数来表达时,通过引进模糊集的 O-O 变换,可以将规则中的这种存在于前件集和后件集的相关性信息引入模糊推理过程。

在实际应用中,有时不宜或不易给出前件集对后件集一个明确的相关度。此时,第 5 章提出的模糊集的 O-O 变换无法将这种不明确的相关信息引入模糊推理中,而相应的应用于 Type-1、区间型 Type-2 和一般型 Type-2 模糊逻辑系统的面向后件集的模糊推理方法也不能处理具有这种模糊相关度的 Type-1、区间型 Type-2 和一般型 Type-2 模糊逻辑系统。对这种模糊的相关性信息用 Type-1 模糊集进行建模是很自然的事情。

为了将这种规则中的模糊相关度引入模糊推理中,本章首先将模糊集 O-O 变换的概念进行推广,提出合成 Type-2 模糊集的概念并对其表示方法、基本运算和特殊性质进行详细阐述;然后在合成 Type-2 模糊集的基础上,提出具有模糊相关度的 COFI(COFI-FRD),并用图详细说明当模糊推理的前件集分别是 Type-1 模糊集、区间型 Type-2 模糊集时的推理实施过程;最后将这种推理方法应用到 Type-1、区间型 Type-2 和一般型 Type-2 模糊逻辑系统中,通过实例来验证和说明该方法的可行性。

6.2　合成 Type-2 模糊集

6.2.1　基本概念

定义 6.1　设 A 是论域 $X(X \subseteq [0,1])$ 上的 Type-1 模糊集, 其隶属度函数为 $\mu_A(x_1)$。B 是论域 Y 上的一个 Type-1 模糊集, 其隶属度函数为 $\mu_B(x_2)$。简单合成 Type-2 模糊集 $\tilde{C}$ 由以下三个步骤定义。这三个步骤称为模糊集 A 和 B 的合成运算, 如图 6.1 所示。

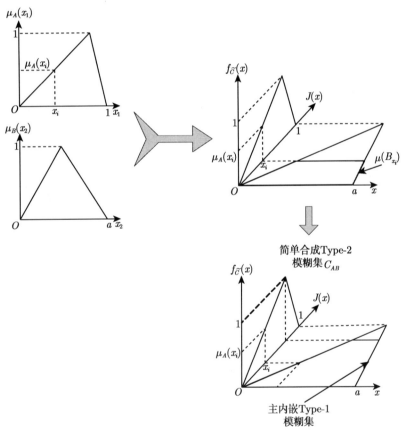

图 6.1　A 和 B 都是 Type-1 模糊集时简单合成 Type-2 模糊集的过程示意图

步骤 1　让 $x_i \in X$ 和 B 取范数, 得到一个 Type-1 模糊集 B_{x_i}。

步骤 2　给 B_{x_i} 分配一个次隶属度, 该次隶属度等于 x_i 的隶属度 $\mu_A(x_i)$, 即 B_{x_i} 中每个元素的次隶属度均等于 $\mu_A(x_i)$, 从而得到一个 Type-2 模糊集 $\tilde{B}_{x_i}$。称其

包含最大次隶属度的 Type-2 模糊集为 $\tilde{C}$ 的主内嵌 Type-2 模糊集, 对应的 Type-1 模糊集为 $\tilde{C}$ 的主内嵌 Type-1 模糊集 ($\tilde{C}$ 由步骤 3 产生)。

步骤 3 让 x_i 取遍论域 X, 则步骤 2 会产生多个 Type-2 模糊集 $\tilde{B}_{x_i}$, 对论域 Y 上的每一个元素 x_0, 只保留其最大的主隶属度和对应的次隶属度, 这样得到的 Type-2 模糊集即由 A 和 B 产生的合成 Type-2 模糊集 $\tilde{C}_{AB}$, 在不混淆的情况下简 记为 $\tilde{C}$。

定义 6.2 设 A 是论域 $X(X \subseteq [0,1])$ 上的 Type-1 模糊集, 其隶属度函数为 $\mu_A(x_1)$。$\tilde{B}$ 是一个区间型 Type-2 模糊集, 其下隶属度函数和上隶属度函数分别为 $\underline{\mu}_{\tilde{B}}(x_2)$ 和 $\bar{\mu}_{\tilde{B}}(x_2)$。合成 Type-2 模糊集 $\tilde{C}$ 由下面三个步骤定义, 类似地, 这三个 步骤称为 A 和 $\tilde{B}$ 的合成运算, 如图 6.2 所示。

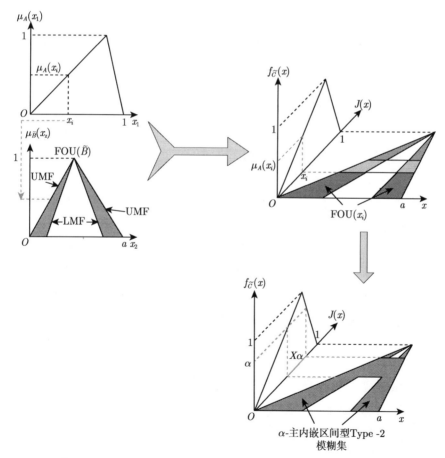

图 6.2 A 和 $\tilde{B}$ 分别是 Type-1 和区间型 Type-2 模糊集时合成 Type-2 模糊集的形成示意图

步骤 1　让 $x_i \in X$ 分别与 $\tilde{B}$ 的下隶属度函数 $\underline{\mu}_{\tilde{B}}(x_2)$ 和上隶属度函数 $\bar{\mu}_{\tilde{B}}(x_2)$ 取范数，得到一个 FOU，记为 FOU(x_i)。

步骤 2　给 FOU(x_i) 分配一个次隶属度，该次隶属度等于 x_i 的隶属度 $\mu_A(x_i)$，即 FOU(x_i) 中每个元素的次隶属度均等于 $\mu_A(x_i)$，这样就得到一个 Type-2 模糊集 $\tilde{B}_{x_i}$。

令 $X_\alpha(X_\alpha \subseteq X)$ 表示这样一个区间：其上每一点的隶属度都大于或等于 α $(0 \leqslant \alpha \leqslant 1)$，$\alpha$ 称为不确定性水平。让 X_α 的左端点和右端点分别与 $\tilde{B}$ 的下隶属度函数和上隶属度函数取 t-范数，得到一个 FOU，用 FOU$_\alpha$ 表示。称由 FOU$_\alpha$ 确定的区间型 Type-2 模糊集为 $\tilde{C}$ 中的主内嵌区间型 Type-2 模糊集 ($\tilde{C}$ 由步骤 3 产生)。

步骤 3　让 x_i 取遍整个论域 X，则由步骤 2 得到多个 Type-2 模糊集。设论域 Y 上的元素 x_0 所对应的主隶属度为 J_{x_0}，若 J_{x_0} 中的元素同时属于多个由步骤 2 产生的 $\tilde{B}_{x_i}$，则 x_0 对应多个次隶属度，取其中最小者作为 x_0 的次隶属度。这样得到的 Type-2 模糊集即由 A 和 $\tilde{B}$ 产生的合成 Type-2 模糊集 $\tilde{C}_{A\tilde{B}}$。

定义 6.3　设 A 是隶属度函数为 $\mu_A(x_1)$ 的 Type-1 模糊集，其论域为 $X(X \subseteq [0,1])$。$\tilde{B}$ 是一个一般型 Type-2 模糊集，其下隶属度函数和上隶属度函数分别是 $\underline{\mu}_{\tilde{B}}(x_2)$ 和 $\bar{\mu}_{\tilde{B}}(x_2)$。合成 Type-2 模糊集由以下三个步骤定义，该步骤称为 A 和 $\tilde{B}$ 的合成运算，如图 6.3 所示。

步骤 1　让 $x_i \in X$ 分别与 $\tilde{B}$ 的下隶属度函数 $\underline{\mu}_{\tilde{B}}(x_2)$ 和上隶属度函数 $\bar{\mu}_{\tilde{B}}(x_2)$ 取范数，得到一个 FOU，记为 FOU(x_i)。

步骤 2　给 FOU(x_i) 分配一个次隶属度，该次隶属度等于 x_i 的隶属度 $\mu_A(x_i)$，即 FOU(x_i) 中的每个元素的次隶属度均等于 $\mu_A(x_i)$，从而得到一个 Type-2 模糊集 $\tilde{B}_{x_i}$。

步骤 3　让 x_i 取遍整个论域 X，得到多个 Type-2 模糊集。对于每个 Type-2 模糊集中的任意一个次变量 u，选择 μ_s 和 $f_{\tilde{B}}(u)$ 中的较小者作为其隶属度，其中 μ_s 是分配给 u 的次隶属度中的最小者，$u \in J_{x'} = [\underline{\mu}_{\tilde{B}}(x'), \bar{\mu}_{\tilde{B}}(x')]$，$f_{\tilde{B}}(\cdot)$ 是 $\tilde{B}$ 在 $J_{x'}$ 上的次隶属度函数。这样得到的 Type-2 模糊集即由 A 和 $\tilde{B}$ 产生的合成 Type-2 模糊集 $\tilde{C}_{A\tilde{B}}$，在不混淆的情况下简记为 $\tilde{C}$。

在不混淆的情况下，将简单合成 Type-2 模糊集和合成 Type-2 模糊集统称为合成 Type-2 模糊集。

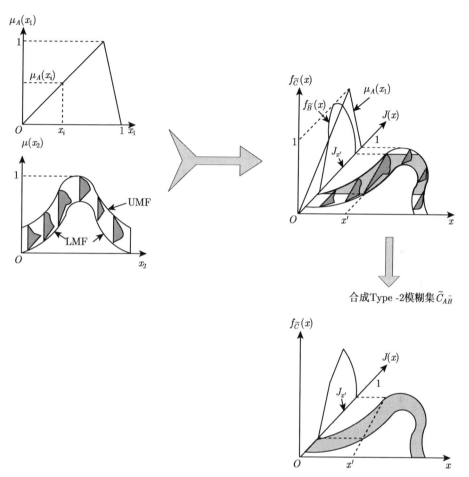

图 6.3 A 和 $\tilde{B}$ 分别是 Type-1 和一般型 Type-2 模糊集时合成 Type-2 模糊集的形成示意图

6.2.2 表示方法

假设主变量 x 被离散为 N 个值 $x_1, x_2, \cdots, x_N$，每个值对应的主隶属度和次隶属度分别为 u_i 和 $f(u_i)$，则简单合成 Type-2 模糊集 $\tilde{C}_{AB}$ 可表示为

$$\tilde{C}_{AB} = \sum_{i=1}^{N} \frac{(f(u_i), u_i)}{x_i} \tag{6.1}$$

从表达式 (6.1) 可以看到，简单合成 Type-2 模糊集的运算很容易执行，因为其主隶属度和次隶属度分别由 Type-1 模糊集 A 与 B 的隶属度函数 $\mu_A(x_1)$ 和 $\mu_B(x_2)$ 所确定。

由定义 6.2 和定义 6.3 得到的合成 Type-2 模糊集不仅有明确的隶属度函数，同时也包含 FOU，因此它们的表示方法和运算与一般型 Type-2 模糊集相同，详见文献 [1]，这里不再赘述。

6.2.3 基本运算

考虑两个简单合成 Type-2 模糊集 $\tilde{A}$ 和 $\tilde{B}$，即

$$\tilde{A} = \int_X \frac{\mu_{\tilde{A}}(x)}{x} = \int_X \frac{(f(u), u)}{x} \tag{6.2}$$

$$\tilde{B} = \int_X \frac{\mu_{\tilde{B}}(x)}{x} = \int_X \frac{(f(w), w)}{x} \tag{6.3}$$

下面给出两者常用的集合运算。

1. 并运算

简单合成 Type-2 模糊集 $\tilde{A}$ 和 $\tilde{B}$ 的并集是另一个简单合成 Type-2 模糊集，记作 $\tilde{A} \cup \tilde{B}$，其隶属度函数定义为

$$\mu_{\tilde{A} \cup \tilde{B}}(x) = (f(u) \, \text{☆} \, f(w), u \vee w) \tag{6.4}$$

式中，☆ 和 ∨ 表示 t-余范数。尽管两者通常选择相同的 t-余范数，但这并不是必须的，也可以选择不同的 t-余范数。

2. 交运算

简单合成 Type-2 模糊集 $\tilde{A}$ 和 $\tilde{B}$ 的交集是另一个简单合成 Type-2 模糊集，记作 $\tilde{A} \cap \tilde{B}$，其隶属度函数定义为

$$\mu_{\tilde{A} \cap \tilde{B}}(x) = (f(u) \, \bigstar \, f(w), u \wedge w) \tag{6.5}$$

式中，★ 和 ∧ 表示 t-范数，两者也不必取相同的 t-范数。

3. 补运算

简单合成 Type-2 模糊集 $\tilde{A}$ 的补集，记作 $\bar{\tilde{A}}$，其隶属度函数定义为

$$\mu_{\bar{\tilde{A}}}(x) = \neg \mu_{\tilde{A}}(x) = (f(u), 1 - u) \tag{6.6}$$

式中，¬ 表示取否运算。

为了具体说明并、交、补三种运算，在例 6.1 中，t-范数采用取小范数，t-余范数采用取大余范数。

例 6.1 设 A 为论域 $[0,1]$ 上的模糊数，其隶属度函数为

$$\mu_A(x) = \begin{cases} \dfrac{10}{7}x, & 0 \leqslant x < 0.7 \\ -\dfrac{10}{3}x + \dfrac{10}{3}, & 0.7 \leqslant x \leqslant 1 \end{cases} \tag{6.7}$$

设 B 是论域 $[0,100]$ 上的 Type-1 模糊集，其隶属度函数为

$$\mu_B(y) = \begin{cases} \dfrac{1}{40}y, & 0 \leqslant y < 40 \\ -\dfrac{1}{60}y + \dfrac{5}{3}, & 40 \leqslant y \leqslant 100 \end{cases} \tag{6.8}$$

则简单合成 Type-2 模糊集 $\tilde{C}_{AB}$(简记为 $\tilde{C}_1$)，其隶属度函数为

$$\mu_{\tilde{C}_1}(x) = (f(u(x)), u(x))$$

$$= (\mu_A(x), \mu_B(x)), \quad \forall x \in [0,100] \tag{6.9}$$

式中，$f(\cdot)$ 和 $u(\cdot)$ 分别是 $\tilde{C}_1$ 的主隶属度和次隶属度。

例 6.2 设 $\tilde{C}_2$ 是另一个简单合成 Type-2 模糊集，其隶属度函数为

$$\mu_{\tilde{C}_2}(x) = (\mu_1(x), \mu_2(x)) \tag{6.10}$$

式中

$$\begin{aligned} \mu_1(x) &= \begin{cases} \dfrac{5}{2}x, & 0 \leqslant x < 0.4 \\ -\dfrac{5}{3}x + \dfrac{5}{3}, & 0.4 \leqslant x \leqslant 1 \end{cases} \\ \mu_2(x) &= \begin{cases} \dfrac{1}{20}x, & 0 \leqslant x < 20 \\ -\dfrac{1}{80}x + \dfrac{5}{4}, & 20 \leqslant x \leqslant 100 \end{cases} \end{aligned} \tag{6.11}$$

则 $\tilde{C}_1$ 和 $\tilde{C}_2$ 的并集的隶属度函数为式 (6.12)，如图 6.4(a) 所示。其中，$\tilde{C}_1$ 即例 6.1 中的简单合成 Type-2 模糊集：

$$\mu_{\tilde{C}_1 \cup \tilde{C}_2}(x) = (f(x), u(x)) \tag{6.12}$$

式中

$$f(x) = \begin{cases} \dfrac{5}{2}x, & 0 \leqslant x < 0.4 \\[2mm] -\dfrac{5}{3}x + \dfrac{5}{3}, & 0.4 \leqslant x < \dfrac{7}{13} \\[2mm] \dfrac{10}{7}x, & \dfrac{7}{13} \leqslant x < 0.7 \\[2mm] -\dfrac{10}{3}x + \dfrac{10}{3}, & 0.7 \leqslant x \leqslant 1 \end{cases} \tag{6.13}$$

$$u(x) = \begin{cases} \dfrac{1}{20}x, & 0 \leqslant x < 20 \\[2mm] -\dfrac{1}{80}x + \dfrac{5}{4}, & 20 \leqslant x < \dfrac{100}{3} \\[2mm] \dfrac{1}{40}x, & \dfrac{100}{3} \leqslant x < 40 \\[2mm] -\dfrac{1}{60}x + \dfrac{5}{3}, & 40 \leqslant x \leqslant 100 \end{cases} \tag{6.14}$$

$\tilde{C}_1$ 和 $\tilde{C}_2$ 的交集的隶属度函数如下 (图 6.4(b)):

$$\mu_{\tilde{C}_1 \cap \tilde{C}_2}(x) = (g(x), w(x)) \tag{6.15}$$

式中

$$g(x) = \begin{cases} \dfrac{10}{7}x, & 0 \leqslant x < \dfrac{7}{13} \\[2mm] -\dfrac{5}{3}x + \dfrac{5}{3}, & \dfrac{7}{13} \leqslant x \leqslant 1 \end{cases} \tag{6.16}$$

$$w(x) = \begin{cases} \dfrac{1}{40}x, & 0 \leqslant x < \dfrac{100}{3} \\[2mm] -\dfrac{1}{80}x + \dfrac{5}{4}, & \dfrac{100}{3} \leqslant x \leqslant 100 \end{cases} \tag{6.17}$$

$\tilde{C}_1$ 补的隶属度函数如下 (图 6.4(c)):

$$\mu_{\bar{\tilde{C}}_1}(x) = (\mu_A(x), 1 - \mu_B(x)) \tag{6.18}$$

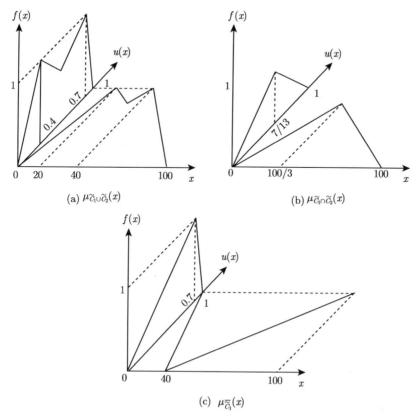

图 6.4 合成 Type-2 模糊集的并、交、补

6.2.4 特殊性质

作为一种特殊的 Type-2 模糊集，合成 Type-2 模糊集具有以下特殊性质。

(1) 简单合成 Type-2 模糊集没有 FOU，但有明确的主隶属度函数和次隶属度函数，这是一般型 Type-2 模糊集难以确定的。

(2) 根据特性 (1)，简单合成 Type-2 模糊集可以看作一般型 Type-2 模糊集具有确切隶属度函数的内嵌 Type-2 模糊集。

(3) 因为简单合成 Type-2 模糊集具有明确的隶属度函数，所以其相关运算 (如并、交、补运算和降型) 都很容易执行。

(4) 定义 6.2 中的 α 主内嵌区间型 Type-2 模糊集给模糊逻辑系统的设计带来更大的自由度，因为在设计系统时，可以根据不同问题的不同要求选择不同的不确定性水平 α。

6.3　具有模糊相关度的 COFI

6.3.1　面向后件集的模糊推理的定义

在定义 6.4 中，考虑的是具有 p 个输入 $x_1 \in X_1$, $x_2 \in X_2$, $\cdots$, $x_p \in X_p$、1 个输出 $y \in Y$、M 条规则的 Type-1 模糊逻辑系统。另外，设第 l 条规则为 R^l：如果 x_1 是 F_1 且 x_2 是 F_2 且……且 x_p 是 F_p，则 y 是 G。其中，$F_1, F_2, \cdots, F_p, G$ 均为 Type-1 模糊集。

在定义 6.5 中，考虑的是具有 p 个输入 $x_1 \in X_1$, $x_2 \in X_2$, $\cdots$, $x_p \in X_p$、1 个输出 $y \in Y$、M 条规则的区间型 Type-2 模糊逻辑系统。另外，设第 l 条规则为 R^l：如果 x_1 是 $\tilde{F}_1^l$ 且 x_2 是 $\tilde{F}_2^l$ 且……且 x_p 是 $\tilde{F}_p^l$，则 y 是 $\tilde{G}^l$。其中，$\tilde{F}_1^l, \tilde{F}_2^l, \cdots, \tilde{F}_p^l, \tilde{G}^l$ 均为区间型 Type-2 模糊集。

在定义 6.6 中，考虑的是具有 p 个输入 $x_1 \in X_1$, $x_2 \in X_2$, $\cdots$, $x_p \in X_p$、1 个输出 $y \in Y$、M 条规则的一般型 Type-2 模糊逻辑系统。另外，设第 l 条规则为 R^l：如果 x_1 是 $\tilde{F}_1^l$ 且 x_2 是 $\tilde{F}_2^l$ 且……且 x_p 是 $\tilde{F}_p^l$，则 y 是 $\tilde{G}^l$。其中，$\tilde{F}_1^l, \tilde{F}_2^l, \cdots, \tilde{F}_p^l, \tilde{G}^l$ 均为一般型 Type-2 模糊集。

另外，用 r_{FG} 表示 Type-1 模糊集 F 对于 G 的模糊相关度；用 $r_{\tilde{F}\tilde{G}}$ 表示 Type-2 模糊集 $\tilde{F}$ 对于 $\tilde{G}$ 的模糊相关度，它们都是区间 $[0,1]$ 上的模糊数。

定义 6.4　在 Type-1 模糊逻辑系统中，F_1 和 F_2 是第 l 条规则的两个前件集，G 是后件集，F_1、F_2 和 G 的隶属度函数分别为 $\mu_{F_1}(x_1)$、$\mu_{F_2}(x_2)$ 和 $\mu_G(y)$。当 $x_1 = x_1'$、$x_2 = x_2'$ 时，对于 Type-1 模糊逻辑系统来说，具有模糊相关度的 COFI 按以下步骤进行。

步骤 1　计算激活模糊集 F：

$$F = \frac{\mu_{F_1}(x_1') \cdot r_{F_1 G} + \mu_{F_2}(x_2') \cdot r_{F_2 G}}{r_{F_1 G} + r_{F_2 G}} \tag{6.19}$$

并用 F 代替在 Type-1 模糊逻辑系统中由传统模糊推理方法得到的激活水平。

步骤 2　对 F 和 G 进行合成运算 (定义 6.1)，结果是一个简单合成 Type-2 模糊集 $\tilde{C}$，将 $\tilde{C}$ 中的主内嵌 Type-1 模糊集作为该规则的激活规则。

对于有多个前件集的规则"如果 x_1 是 F_1 且 x_2 是 F_2 且……且 x_p 是 F_p，那

么 y 是 G", 当 $x_i = x_i'(i = 1, 2, \cdots, p)$ 时, 激活模糊集 F 由式 (6.20) 计算:

$$F = \frac{\sum\limits_{i=1}^{p} \mu_{F_i}(x_i') \cdot r_{F_i G}}{\sum\limits_{i=1}^{p} r_{F_i G}} \tag{6.20}$$

定义 6.5 在区间型 Type-2 模糊逻辑系统中, $\tilde{F}_1$ 和 $\tilde{F}_2$ 是模糊规则的两个前件集, $\tilde{G}$ 是后件集, 其 FOU 分别由下隶属度函数和上隶属度函数 $\underline{\mu}_{\tilde{F}_1}(x_1)$ 和 $\bar{\mu}_{\tilde{F}_1}(x_1)$、$\underline{\mu}_{\tilde{F}_2}(x_2)$ 和 $\bar{\mu}_{\tilde{F}_2}(x_2)$ 以及 $\underline{\mu}_{\tilde{G}}(y)$ 和 $\bar{\mu}_{\tilde{G}}(y)$ 所界定。当 $x_1 = x_1'$、$x_2 = x_2'$ 时, 对于区间型 Type-2 模糊系统来说, 具有模糊相关度的 COFI 按以下步骤进行。

步骤 1 计算激活模糊集 F:

$$F = \frac{\mu_{\tilde{F}_1}(x_1') \cdot r_{\tilde{F}_1 \tilde{G}} + \mu_{\tilde{F}_2}(x_2') \cdot r_{\tilde{F}_2 \tilde{G}}}{r_{\tilde{F}_1 \tilde{G}} + r_{\tilde{F}_2 \tilde{G}}} \tag{6.21}$$

式中, $\mu_{\tilde{F}_1}(x_1')$ 和 $\mu_{\tilde{F}_2}(x_2')$ 是两个区间, 即 $\mu_{\tilde{F}_1}(x_1') = [\underline{\mu}_{\tilde{F}_1}(x_1'), \bar{\mu}_{\tilde{F}_1}(x_1')]$, $\mu_{\tilde{F}_2}(x_2') = [\underline{\mu}_{\tilde{F}_2}(x_2'), \bar{\mu}_{\tilde{F}_2}(x_2')]$。用 F 代替传统模糊推理的激活区间。

步骤 2 对 F 和 $\tilde{G}$ 利用合成运算 (定义 6.2) 进行合成, 得到一个合成 Type-2 模糊集 $\tilde{C}$, 其中, FOU_α 即 $\tilde{C}$ 中的 α-主内嵌区间型 Type-2 模糊集的 FOU, 定义为该规则的 α-激活规则 FOU。

对于有多个前件集的规则 "如果 x_1 是 $\tilde{F}_1$ 且 x_2 是 $\tilde{F}_2$ 且……且 x_p 是 $\tilde{F}_p$, 那么 y 是 $\tilde{G}$", 当 $x_i = x_i'(i = 1, 2, \cdots, p)$ 时, 激活模糊集 F 为

$$F = \frac{\sum\limits_{i=1}^{p} \mu_{\tilde{F}_i}(x_i') \cdot r_{\tilde{F}_i \tilde{G}}}{\sum\limits_{i=1}^{p} r_{\tilde{F}_i \tilde{G}}} \tag{6.22}$$

式中, $\mu_{\tilde{F}_i}(x_i')$ 为区间, 即 $\mu_{\tilde{F}_i}(x_i') = [\underline{\mu}_{\tilde{F}_i}(x_i'), \bar{\mu}_{\tilde{F}_i}(x_i')], i = 1, 2, \cdots, p$。

定义 6.6 在一般型 Type-2 模糊逻辑系统中, 设第 l 条规则的前件集为 $\tilde{F}_1$ 和 $\tilde{F}_2$, 后件集为 $\tilde{G}$。$\tilde{F}_1$、$\tilde{F}_2$ 和 $\tilde{G}$ 分别用下列公式表示:

$$\tilde{F}_1 = \int_{X_1} \frac{\mu_{\tilde{F}_1}(x_1)}{x_1} = \int_{X_1} \frac{\int_{J_{x_1}^{u_1}} \dfrac{f_{x_1}(u_1)}{u_1}}{x_1} \tag{6.23}$$

$$J_{x_1}^{u_1} = \left\{ (x_1, u_1) : u_1 \in \left[\underline{\mu}_{\tilde{F}_1}(x_1), \bar{\mu}_{\tilde{F}_1}(x_1) \right] \right\} \subseteq [0, 1]$$

$$\tilde{F}_2 = \int_{X_2} \frac{\mu_{\tilde{F}_2}(x_2)}{x_2} = \int_{X_2} \frac{\int_{J_{x_2}^{u_2}} \frac{f_{x_2}(u_2)}{u_2}}{x_2} \tag{6.24}$$

$$J_{x_2}^{u_2} = \left\{ (x_2, u_2) : u_2 \in \left[\underline{\mu}_{\tilde{F}_2}(x_2), \bar{\mu}_{\tilde{F}_2}(x_2) \right] \right\} \subseteq [0, 1]$$

$$\tilde{G} = \int_{Y} \frac{\mu_{\tilde{G}}(y)}{y} = \int_{Y} \frac{\int_{J_y^u} \frac{f_y(u)}{u}}{y} \tag{6.25}$$

$$J_y^u = \left\{ (y, u) : u \in \left[\underline{\mu}_{\tilde{G}}(y), \bar{\mu}_{\tilde{G}}(y) \right] \right\} \subseteq [0, 1]$$

式中, $\underline{\mu}_{\tilde{F}_i}(x_i)$ 和 $\bar{\mu}_{\tilde{F}_i}(x_i)$ 分别为 $\tilde{F}_i$ 的下隶属度函数和上隶属度函数。

当 $x_1 = x_1'$、$x_2 = x_2'$ 时, 对于一般型 Type-2 模糊逻辑系统, 具有模糊相关度的 COFI 按以下步骤进行。

步骤 1　计算激活模糊集 F:

$$F = \frac{\mu_{\tilde{F}_1}(x_1') \cdot r_{\tilde{F}_1 \tilde{G}} + \mu_{\tilde{F}_2}(x_2') \cdot r_{\tilde{F}_2 \tilde{G}}}{r_{\tilde{F}_1 \tilde{G}} + r_{\tilde{F}_2 \tilde{G}}} \tag{6.26}$$

式中, $\mu_{\tilde{F}_1}(x_1')$ 和 $\mu_{\tilde{F}_2}(x_2')$ 是 Type-1 模糊集。

步骤 2　对 F 和 $\tilde{G}$ 进行合成运算。合成运算的结果是一个合成 Type-2 模糊集 $\tilde{C}_{F\tilde{G}}$, 将其作为该规则的激活规则 Type-2 模糊集。

对于有多个前件集的规则 "如果 x_1 是 $\tilde{F}_1$ 且 x_2 为 $\tilde{F}_2$ 且……且 x_p 是 $\tilde{F}_p$, 那么 y 是 $\tilde{G}$", 当 $x_i = x_i'(i = 1, 2, \cdots, p)$ 时, 激活模糊集 F 为

$$F = \frac{\sum_{i=1}^{p} \mu_{\tilde{F}_i}(x_i') \cdot r_{\tilde{F}_i \tilde{G}}}{\sum_{i=1}^{p} r_{\tilde{F}_i \tilde{G}}} \tag{6.27}$$

式中, $\mu_{\tilde{F}_i}(x_i')$ 是 Type-1 模糊集, $i = 1, 2, \cdots, p$。

注　在定义 6.4~定义 6.6 中, 计算激活模糊集 F 时要用到第 4 章的模糊加权平均 (FWA) 算法和 KM 算法。

6.3.2　面向后件集的模糊推理的实施

图 6.5 描述了将具有模糊相关度的 COFI 应用于 p 个输入、单个输出的 Type-1 模糊逻辑系统的推理过程。当 $x_1 = x_1'$ 时, 过 x_1' 点的垂线与 $\mu_{F_1}(x_1)$ 相交于 $\mu_{F_1}(x_1')$, 当 $x_2 = x_2'$ 时, 过 x_2' 点的垂线与 $\mu_{F_2}(x_2)$ 相交于 $\mu_{F_2}(x_2')$, ……, 当

$x_p = x'_p$ 时, 过 x'_p 点的垂线与 $\mu_{F_p}(x_p)$ 相交于 $\mu_{F_p}(x'_p)$。激活模糊集 F 由式 (6.20) 计算 (该激活模糊集 F 包含了前件集 $F_1, F_2, \cdots, F_p$ 对后件集 G 的模糊相关度)。由图 6.5 可知, 输入量与前件集运算的结果是一个 Type-1 模糊集, 即激活模糊集 F。接着, F 与后件集 G 进行合成运算, 得到一个 Type-2 模糊集 $\tilde{C}_{FG}$。因此, 得到激活规则 FS, 即 $\tilde{C}$ 中的主内嵌 Type-1 模糊集。当 $\mu_G(y)$ 取三角形隶属度函数时, 激活规则 FS 为如图 6.5 所示的梯形。

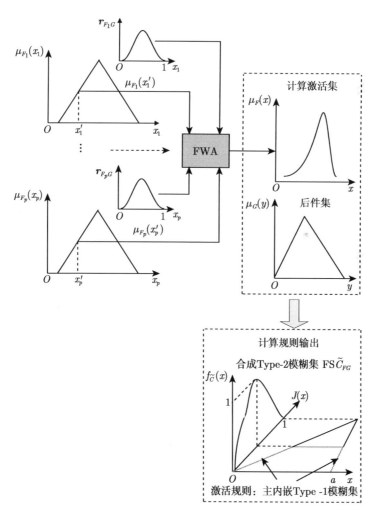

图 6.5 基于 Type-1 模糊逻辑系统的具有模糊隶属度的 COFI: 从激活集到规则输出

注 (1) 清晰数和区间值都可看作特殊的 Type-1 模糊集, 因此没有将前件集对后件集的模糊相关度考虑在内的模糊推理方法, 是具有模糊相关度的 COFI 的特例。

(2) 具有模糊相关度的 COFI 得到的推理结果是一个激活模糊集 F, 而不是激活区间, 因此该推理方法比传统的推理方法能捕获到规则中更多的不确定性信息。详见 6.4.2 节实例 2 所述。

(3) 尽管该模糊推理模型显得有点复杂, 但它将输入变量和输出变量间的模糊相关度引入推理过程, 使得推理引擎的输出结果更加合理。

图 6.6 描述的是用于区间型 Type-2 模糊逻辑系统的具有模糊相关度的 COFI

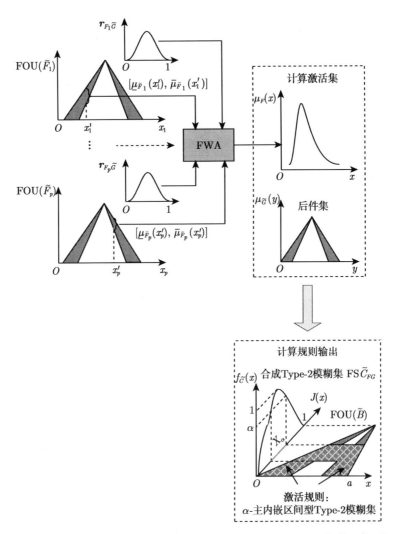

图 6.6　基于区间型 Type-2 模糊逻辑系统具有模糊相关度的 COFI: 从激活集到规则输出

的推理过程。当 $x_1 = x_1'$ 时, 过 x_1' 点的垂线与 FOU($\tilde{F}_1$) 中的区间 $[\underline{\mu}_{\tilde{F}_1}(x_1'), \overline{\mu}_{\tilde{F}_1}(x_1')]$ 上的每一点都相交, 当 $x_2 = x_2'$ 时, 过 x_2' 点的垂线与 FOU($\tilde{F}_2$) 中的区间 $[\underline{\mu}_{\tilde{F}_2}(x_2'),$ $\overline{\mu}_{\tilde{F}_2}(x_2')]$ 上的每一点都相交, ⋯⋯, 当 $x_p = x_p'$ 时, 过 x_p' 点的垂线与 FOU($\tilde{F}_p$) 中的区间 $[\underline{\mu}_{\tilde{F}_p}(x_p'), \overline{\mu}_{\tilde{F}_p}(x_p')]$ 上的每一点都相交。激活模糊集由式 (6.22) 计算得到。该激活模糊集同样考虑了前件集 $F_1, F_2, \cdots, F_p$ 对后件集 G 的影响度。

由图 6.6 可知, 输入量与前件集运算的结果是一个 Type-1 模糊集, 即激活模糊集 F。接下来, F 与 $\tilde{G}$ 进行合成运算 (定义 6.2 中的合成运算), 得到一个 Type-2 模糊集 $\tilde{C}_{F\tilde{G}}$。假设预先给定的不确定性水平是 $\alpha, \alpha \in [0, 1]$, 则得到激活规则 FOU, 即 $\tilde{C}_{F\tilde{G}}$ 中 α 主内嵌区间型 Type-2 模糊集的 FOU。可以根据不同的实际问题选择不同的不确定性水平 α。当 FOU($\tilde{G}$) 取三角形的隶属度函数时, 激活规则 FOU 的结果是梯形 FOU(如图 6.6 中斜线交叉部分所示)。

6.4 仿 真 结 果

在目前的工程应用或与模糊推理算法相关的研究文献中都还没有涉及模糊权, 因此本节用两个抽象的例子来说明具有模糊相关度的 COFI 的实施过程, 只将其与取小和乘积模糊推理做一简单的理论比较。同样, 不失一般性, 仿真仍采用 MISO 系统。

6.4.1 实例 1: 基于 Type-1 的具有模糊相关度的 COFI 抽象实例

设两个主变量为 x_1 和 x_2。Type-1 模糊逻辑系统的第 l 条规则是 "如果 x_1 为 F_1^l 且 x_2 为 F_2^l, 那么 y 为 G^l"。其中, F_1^l、F_2^l 和 G^l 的隶属度函数为

$$\mu_{F_1^l}(x_1) = \begin{cases} \dfrac{x_1}{60}, & 0 \leqslant x_1 < 60 \\ -\dfrac{x_1}{40} + \dfrac{5}{2}, & 60 \leqslant x_1 \leqslant 100 \end{cases}$$

$$\mu_{F_2^l}(x_2) = \begin{cases} \dfrac{x_2}{50}, & 0 \leqslant x_2 < 50 \\ -\dfrac{x_2}{50} + 2, & 50 \leqslant x_2 \leqslant 100 \end{cases} \tag{6.28}$$

$$\mu_{G^l}(y) = \begin{cases} \dfrac{y}{40}, & 0 \leqslant y < 40 \\ -\dfrac{y}{60} + \dfrac{5}{3}, & 40 \leqslant y \leqslant 100 \end{cases}$$

记 F_1^l 和 F_2^l 对 G^l 的模糊相关度分别是 r_1 和 r_2, 其隶属度函数为

$$
\begin{aligned}
\mu_{r_1}(x) &= \begin{cases} \dfrac{5}{4}x, & 0 \leqslant x < 0.8 \\[2mm] -5x+5, & 0.8 \leqslant x \leqslant 1 \end{cases} \\[4mm]
\mu_{r_2}(x) &= \begin{cases} \dfrac{10}{3}x, & 0 \leqslant x < 0.3 \\[2mm] -\dfrac{10}{7}x + \dfrac{10}{7}, & 0.3 \leqslant x \leqslant 1 \end{cases}
\end{aligned} \tag{6.29}
$$

假设在某时刻测得的输入量是 84、35, 即 $x_1' = 84$、$x_2' = 35$, 则 x_1' 和 x_2' 处的隶属度分别为 0.4 和 0.7, 即 $\mu_{F_1^l}(84) = 0.4$、$\mu_{F_2^l}(35) = 0.7$。

1. 计算激活模糊集

根据定义 6.4, 激活模糊集 F 可由 KM 算法 (见 4.5 节) 计算得到。将 r_1 和 r_2 的隶属度函数的定义域 $[0,1]$ 平均离散成 11 个 α-截集, 即

$$
\alpha_i = 0.1 \times i, \quad i = 0, 1, \cdots, 10 \tag{6.30}
$$

由 KM 算法可以求得每个 α_i 在 F 中对应的截区间 F_i, 具体的 11 个截区间如表 6.1 所示。

表 6.1　α-截集对应的区间 (实例 1)

α-截集	F_i
$\alpha_0 = 0.0$	[0.4000, 0.7000]
$\alpha_1 = 0.1$	[0.4089, 0.6762]
$\alpha_2 = 0.2$	[0.4176, 0.6529]
$\alpha_3 = 0.3$	[0.4262, 0.6301]
$\alpha_4 = 0.4$	[0.4346, 0.6077]
$\alpha_5 = 0.5$	[0.4429, 0.5857]
$\alpha_6 = 0.6$	[0.4509, 0.5642]
$\alpha_7 = 0.7$	[0.4589, 0.5430]
$\alpha_8 = 0.8$	[0.4667, 0.5222]
$\alpha_9 = 0.9$	[0.4743, 0.5018]
$\alpha_{10} = 1.0$	[0.4818, 0.4818]

利用曲线拟合方法, 可以得到激活模糊集的隶属度函数的表达式为

$$
\mu_F(x) = \begin{cases} 12.22x - 4.89, & 0.4 \leqslant x < 0.4818 \\[2mm] -4.58x + 3.21, & 0.4818 \leqslant x \leqslant 0.7 \end{cases} \tag{6.31}
$$

其图像如图 6.7 所示。

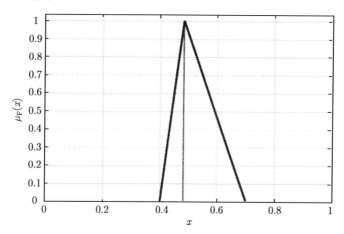

图 6.7　激活模糊集的隶属度函数图 (实例 1)

2. 计算规则的输出量

根据定义 6.1 很容易求得简单合成 Type-2 模糊集 $\tilde{C}_{FG}$。当 $x = 0.4818$ 时，$\tilde{C}_{FG}$ 取得最大次隶属度，从而可得到激活规则 FS，即 $\tilde{C}_{FG}$ 的主内嵌 Type-1 模糊集 (图 6.8 或表 6.1)。

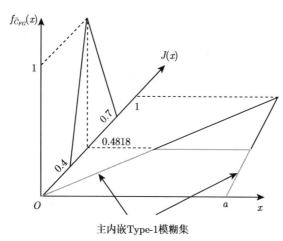

图 6.8　Type-1 模糊逻辑系统的规则输出量: 简单合成 Type-2 模糊集 $\tilde{C}_{FG}$

3. 结果比较

以乘积模糊推理和取小模糊推理与具有模糊相关度的 COFI 推理进行比较, 三者所得的激活规则 FS 列在表 6.2 中。

表 6.2　乘积和取小模糊推理与具有模糊相关度的 COFI 推理比较

模糊推理	激活水平/激活集	规则输出	激活规则
取小推理	$0.7 \wedge 0.4$	$0.4 \wedge G$	
乘积推理	$0.7 \times 0.4 = 0.28$	$0.28 \wedge G$	详见图 6.9
具有模糊相关度的 COFI	$\dfrac{0.4 \cdot r_1 + 0.7 \cdot r_2}{r_1 + r_2}$	$0.4818 \wedge G$	

注: 其中 r_1 和 r_2 是模糊相关度。

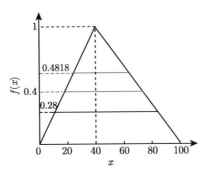

图 6.9　表 6.2 中的激活规则

由表 6.2 可得出以下结论。

(1) 由取小模糊推理得到的结果仅由其中的某个前件集决定 $(0.4 \wedge G)$, 这将丢失输入变量和输出变量之间的某些信息, 或者说, 忽略了其他前件集对推理结果的影响。

(2) 由乘积推理产生的结果虽然考虑了所有前件集, 但推理的前提是每个前件集对后件集的相关度完全相同 $(0.28 \wedge G = (0.7 \cdot 1 \times 0.4 \cdot 1) \wedge G)$, 这并不符合实际情况。

(3) 由具有模糊相关度的 COFI 推理得到的结果不仅考虑了每个前件集, 而且包含了它们对后件集的相关度 $\left(0.4818 \wedge G = \dfrac{0.4 \cdot r_1 + 0.7 \cdot r_2}{r_1 + r_2}\right)$, 这更好地反映了客观事实, 也包含了规则中更多的模糊信息。

6.4.2　实例 2: 基于区间型 Type-2 的具有模糊相关度的 COFI 抽象实例

在 Type-2 模糊逻辑系统中, 由于一般型 Type-2 模糊集的计算量非常大, 目前几乎所有的应用都是基于区间型 Type-2 模糊逻辑系统。这里, 以区间型 Type-2 模糊逻辑系统为例进行比较说明。

设两个主变量为 x_1 和 x_2。区间型 Type-2 FLS 的第 l 条规则为"如果 x_1 为 $\tilde{F}_1^l$ 且 x_2 为 $\tilde{F}_2^l$,那么 y 为 $\tilde{G}^{l}$",其中,$\tilde{F}_1^l$、$\tilde{F}_2^l$ 和 $\tilde{G}^l$ 的 FOU 分别如图 6.10(a)、(b)、(c) 所示。令 $\tilde{F}_1^l$ 和 $\tilde{F}_2^l$ 对 $\tilde{G}^l$ 的模糊相关度分别为 r_1 和 r_2。

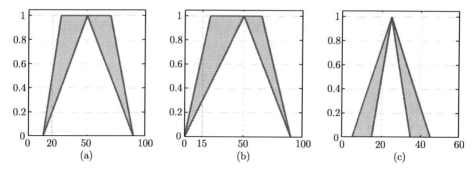

图 6.10 输入变量和输出变量的 FOU

假设在某特定时间测得的输入量分别是 20 和 15,即 $x_1' = 20, x_2' = 15$。相应的主隶属度分别是区间 $[0.2, 0.5]$ 和 $[0.3, 0.7]$,即

$$J_{x_1'} = [0.2, 0.5], \quad J_{x_2'} = [0.3, 0.7]$$

1. 计算激活模糊集

将 r_1 和 r_2 的隶属度函数的定义域 $[0,1]$ 平均离散成 11 个 α-截集,即

$$\alpha_i = 0.1 \times i, \quad i = 0, 1, \cdots, 10 \tag{6.32}$$

由 KM 算法可以求得每个 α_i 在 F 中对应的截区间 F_i,如表 6.3 所示。

表 6.3 α-截集对应的区间 (实例 2)

α-截集	F_i
$\alpha_0 = 0.0$	$[0.2000,\ 0.7000]$
$\alpha_1 = 0.1$	$[0.2030,\ 0.6842]$
$\alpha_2 = 0.2$	$[0.2059,\ 0.6686]$
$\alpha_3 = 0.3$	$[0.2087,\ 0.6534]$
$\alpha_4 = 0.4$	$[0.2115,\ 0.6385]$
$\alpha_5 = 0.5$	$[0.2143,\ 0.6238]$
$\alpha_6 = 0.6$	$[0.2170,\ 0.6094]$
$\alpha_7 = 0.7$	$[0.2196,\ 0.5953]$
$\alpha_8 = 0.8$	$[0.2222,\ 0.5815]$
$\alpha_9 = 0.9$	$[0.2248,\ 0.5679]$
$\alpha_{10} = 1.0$	$[0.2273,\ 0.5545]$

利用曲线拟合的方法, 可得激活模糊集的隶属度函数为

$$\mu_F(x) = \begin{cases} 36.63x - 7.33, & 0.2 \leqslant x < 0.2273 \\ 1, & 0.2273 \leqslant x < 0.5545 \\ -6.87x + 4.81, & 0.5545 \leqslant x \leqslant 0.7 \end{cases} \tag{6.33}$$

其图像如图 6.11 所示。

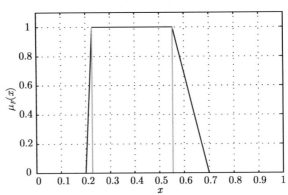

图 6.11　激活模糊集的隶属度函数图 (实例 2)

2. 计算规则输出

设不确定性水平为 1, 即 $\alpha = 1$, 则 $X_1 = [0.2273, 0.5545]$。由定义 6.2 容易得到合成 Type-2 模糊集 $\tilde{C}_{F\tilde{G}}$, 从而可得 $\tilde{C}_{F\tilde{G}}$ 中的 1-主内嵌区间型 Type-2 模糊集, 如图 6.12 所示。

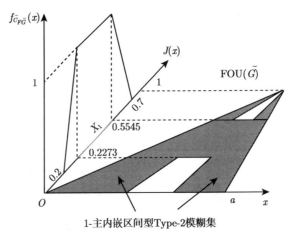

图 6.12　区间型 Type-2 模糊逻辑系统的规则输出量: 合成 Type-2 模糊集 $\tilde{C}_{F\tilde{G}}$

3. 结果比较

同样, 由于 $A(x) * B(x)$ 总小于 $A(x) \wedge B(x)$ ($*$ 和 $\wedge$ 分别表示乘积和取小 t-范数), 如果 COFI 优于取小模糊推理, 则也必然优于乘积模糊推理。这里的 "优劣" 指模糊推理所得的激活规则面积的大小, 面积越大说明模糊推理捕获到规则中的不确定性信息越多。因此, 这里仅与取小模糊推理进行比较, 推理结果详见表 6.4。

表 6.4　取小模糊推理和具有模糊相关度的 COFI 的推理结果比较

模糊推理	激活区间 (或者模糊集)	规则输出	激活规则
取小模糊推理	$[0.2 \wedge 0.3, 0.5 \wedge 0.7]$	$[0.2, 0.5] \bigstar \tilde{G}$	见图 6.13
具有模糊相关度的 COFI	$\dfrac{[0.2, 0.5] \cdot r_1 + [0.3, 0.7] \cdot r_2}{r_1 + r_2}$	$[0.2273, 0.5545] \bigstar \tilde{G}$	

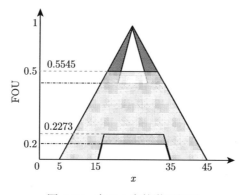

图 6.13　表 6.4 中的激活规则

由图 6.13 和表 6.4 可知: ①具有模糊相关度的 COFI 推理得到的激活规则的 FOU 面积大于取小模糊推理得到的 FOU 面积, 这意味着前者比后者能够捕获到模糊规则中更多的不确定性信息; ②具有模糊相关度的 COFI 推理得到的结果同样考虑了每个前件集, 也包含了每个前件集对后件集的模糊相关性信息。

6.5　本章小结

第 5 章建立的具有清晰相关度的面向后件集的模糊推理方法, 主要用于规则中的前件集与后件集的影响度或相关度可由清晰数表达时的情形。如果前件集与后件集的影响度或相关度不能由清晰数表达, 即需要由模糊数建模时, 具有清晰相关度的面向后件集的模糊推理方法无法将这种模糊的影响度或相关度信息纳入模糊推理。为了解决该问题，本章首先对模糊集 O-O 变换的概念进行扩展，提出了合成 Type-2 模糊集的概念；在此基础上对具有清晰相关度的面向后件集的推理方法进行扩展，提出了具有模糊相关度的面向后件集的推理方法，这种方法能有效地将模糊的影响度或相关度信息纳入模糊推理。

　　本章及第 5 章提出了具有清晰相关度和具有模糊相关度的面向后件集的模糊推理方法，两者都具备的特征是，模糊推理是在前件集与后件集相互关联的环境下进行的，从而规则中每个前件集与后件集的相关性信息都参与了模糊推理。这种在相关环境下的推理方法表明，模糊集 (包括 Type-1、区间型 Type-2 和一般型 Type-2 模糊集) 及其对应的模糊逻辑系统可以在一个模糊集相互关联的环境下进行研究。这将在第 7 章中详细讨论。

第 7 章 相关型模糊集

7.1 引   言

现实世界中的事物总是相互联系、相互影响的，其相互间的影响程度也千差万别。因此，同一事物在不同的环境中扮演着不同的角色。同样，作为处理不确定性与不精确性的强大工具——模糊集和模糊逻辑也不例外。例如在第 3 章中提到的例子，对于 a、b 两个人，假设他们对于 "才" (用 A 表示) 和 "德" (用 I 表示) 的隶属度分别为 $A(a) = 0.9$、$I(a) = 0.6$、$A(b) = 0.6$ 和 $I(b) = 0.7$。如果根据 "德才兼备" (用 $A \cap I$ 表示) 的标准在 a 和 b 之间选拔一人去做一件有 "挑战性的工作" (用 J 表示)，采用工程上常用的取小算法，则有 $A \cap I(a) = 0.6$，$A \cap I(b) = 0.6$。这表明两人一样优秀，从而无法选拔出由谁去担任这项工作。实际上，a 比 b 优秀很多。由此可见，在一个模糊集相对独立的环境下 (即没有考虑 "才" 和 "德" 对 "挑战性的工作" 的相关度) 研究模糊集与模糊推理会丢失一些相关性信息。

由第 3 章的知识可知，如果假设 A 对 J 和 I 对 J 的相关度，即 "才" 和 "德" 对 "挑战性的工作" 的相关度分别是 0.4 和 0.7，即 $c_{AJ} = 0.4$、$c_{IJ} = 0.7$。由模糊集 O-O 变换的概念可知

$$A_J = \frac{0.36}{a} + \frac{0.24}{b}$$

$$I_J = \frac{0.42}{a} + \frac{0.49}{b}$$

从而有

$$(A_J \cap I_J)(a) = 0.36 > (A_J \cap I_J)(b) = 0.24$$

这表明，对于这项 "挑战性的工作" a 比 b 更优秀，故应选择 a 去担任这项工作。

而另一方面，如果假设 A 对 J 和 I 对 J 相关度，即 "才" 和 "德" 对 "挑战性的工作" 的影响程度分别是 0.7 和 0.4，即 $c_{AJ} = 0.7$、$c_{IJ} = 0.4$，那么有

$$A_J = \frac{0.63}{a} + \frac{0.42}{b}$$

$$I_J = \frac{0.24}{a} + \frac{0.28}{b}$$

此时，有

$$(A_J \cap I_J)(a) = 0.24 < (A_J \cap I_J)(b) = 0.28$$

这表明，对于这项"挑战性的工作" b 比 a 更优秀，故应选择 b 去担任这项工作。

需要指出的是，采用其他形式的 t-范数，如 LUK 范数、Product 范数等，也能从 a 和 b 中挑选出"合适"的人选，但这些选拔方式没有考虑指标"才"和指标"德"与"挑战性工作"之间的相关性信息。换句话说，这项工作可能适合"德"高的人去担任，也可能更适合"才"高的人去担任。用模糊逻辑系统的语言来讲，这种情况就是没有体现前件集与后件集之间的相关性信息，推理结果可能不合理，原因是没有参照后件集对不同的前件集赋予不同的权重。因此，为了避免这种"一视同仁"带来的不合理因素，在模糊逻辑推理的过程中应引入前件集与后件集之间的相关性信息。这样，推理过程考虑了更多的模糊信息，结果更加合理；同时，在设计模糊逻辑系统时也具有较大的自由度。

如果在前件集 A 的 O-O 变换集 A_G 中引入某种类型的 t-范数或者 t-余范数，那么前件集 A 对后件集 G 的某种相关性信息，如影响度、相关度和贡献度等，就参与到了模糊推理的过程中。

又例如下面的问题：一群羊加上一群羊，结果会怎样呢？例如，7 只羊组成的一群羊加上 70 只羊组成的另一群，结果是怎样的一群羊呢？这里的"群"是一个模糊概念。7 只羊完全可以看作一群羊，更不用说 70 只了。也就是说，如果设 H 表示"群"这一模糊概念，则 $H(7)$ 和 $H(70)$ 都可以等于 1。然而，70 只羊比 7 只羊更像一群羊，这里就隐含着一个问题：应该有一个参考标准。例如，以 100 只羊作为"一群羊"的参考标准，即"100 只羊"就是"一群"的一个标准概念，则 7 只羊属于"一群"的程度可能是 0.07；而 70 只羊属于"一群"的程度可能是 0.7。那么，由 7 只羊组成的一群羊加上由 70 只羊组成的一群羊形成的一群羊属于"一群羊"的程度可能是 0.7 或 0.77 或其他大于 0.7 小于 1 的数，这取决于使用的 t-范数的具体形式。

显然，模糊集之间的这种相关度的概念在人类思维中起着重要作用，特别是在决策论、信息交互、模糊推理和模式识别等领域。本章对第 3 章和第 4 章中提出的 COFI 概念进行抽象，提出相关型模糊集的概念，它是模糊集概念的扩展。这种模糊集的特点是，其隶属度函数包含了两个模糊集之间的相关性信息，即两个模糊集间的相关度。该相关度既可以是清晰数，也可以是模糊数。此外，本章把一般模糊集的一些基本概念，如包含关系、并集、交集和补集等，相应地推广到相关型模糊集中；同时，初步探索了它们的一些性质以及在 Type-1、区间型 Type-2 和一般型Type-2 模糊逻辑系统中的应用。

7.2 相关型 Type-1 模糊集

7.2.1 相关型 Type-1 模糊集的定义

相关型 Type-1 模糊集建立在一般模糊集的基础之上，并引入了参考集及其与模糊集之间的相关度等概念。

定义 7.1 设 A 是论域 Y 上的 Type-1 模糊集，其隶属度函数为 $f_A(x)$。R 是论域 Z 上的一个 Type-1 模糊集，这里称为参考集。假设 A 对 R 的相关度 (或者影响度、贡献度) 是 r，r 是区间 $[0,1]$ 上的一个清晰值。A 的以 R 为参考集的相关型 Type-1 模糊集定义为具有隶属度函数 $r \cdot f_A(x)$ 的模糊集，记为 A_R。在不混淆的情况下，简称 A_R 为相关型模糊集。当不考虑 A 对 R 的相关度 r，即在一个独立的环境下研究模糊集时，相关型模糊集 A_R 退化为一般的模糊集 A。

例 7.1 设 F(代表胖) 和 T(代表高) 是隶属度函数分别为 $f_F(x)$ 和 $f_T(x)$ 的 Type-1 模糊集，其论域均是 X，$X = \{a,b\}$，其中 a 和 b 表示两个人。假设 $f_F(a) = 0.8$，$f_T(a) = 0.5$，$f_F(b) = 0.4$，$f_T(b) = 0.9$。采用 Zadeh 的取小 t-范数，可以得到 a 和 b 两人 "又高又胖" 的隶属度分别是 0.5 和 0.4。而从审美学的观点来看，"又高又胖" 对 "英俊" 和 "强壮" 有着不同的相关度。假设 "又高又胖" 对 "英俊"(用 H 表示) 和 "强壮"(用 Q 表示) 的相关度分别是 0.4 和 0.8，将会有以下不同的结果。若以 "英俊" 为参考，则有

$$\begin{aligned}
f_{FH}(a) &= 0.8 \times 0.4 = 0.32 \\
f_{TH}(a) &= 0.5 \times 0.4 = 0.20 \\
f_{FH}(b) &= 0.4 \times 0.4 = 0.16 \\
f_{TH}(b) &= 0.9 \times 0.4 = 0.36
\end{aligned} \tag{7.1}$$

进而有

$$\begin{aligned}
(f_{FH} \cap f_{TH})(a) &= 0.32 \wedge 0.20 = 0.20 \\
(f_{FH} \cap f_{TH})(b) &= 0.16 \wedge 0.36 = 0.16
\end{aligned} \tag{7.2}$$

即

$$
\begin{aligned}
&(f_{FH} \cap f_{TH})(a) \\
&= (f_F \cap f_T)_H(a) \\
&= (0.8 \wedge 0.5) \times 0.4 \\
&= 0.20 \\
&\quad (f_{FH} \cap f_{TH})(b) \\
&= (f_F \cap f_T)_H(b) \\
&= (0.4 \wedge 0.9) \times 0.4 \\
&= 0.16
\end{aligned}
\tag{7.3}
$$

若以 "强壮" 为参考, 则有

$$
\begin{aligned}
f_{FQ}(a) &= 0.8 \times 0.8 = 0.64 \\
f_{TQ}(a) &= 0.5 \times 0.8 = 0.40 \\
f_{FQ}(b) &= 0.4 \times 0.8 = 0.32 \\
f_{TQ}(b) &= 0.9 \times 0.8 = 0.72
\end{aligned}
\tag{7.4}
$$

进而有

$$
\begin{aligned}
(f_{FQ} \cap f_{TQ})(a) &= 0.64 \wedge 0.40 = 0.40 \\
(f_{FQ} \cap f_{TQ})(b) &= 0.32 \wedge 0.72 = 0.32
\end{aligned}
\tag{7.5}
$$

即

$$
\begin{aligned}
&(f_{FQ} \cap f_{TQ})(a) \\
&= (f_F \cap f_T)_Q(a) \\
&= (0.8 \wedge 0.5) \times 0.8 \\
&= 0.40 \\
&\quad (f_{FQ} \cap f_{TQ})(b) \\
&= (f_F \cap f_T)_Q(b) \\
&= (0.4 \wedge 0.9) \times 0.8 \\
&= 0.32
\end{aligned}
\tag{7.6}
$$

可见, 在不同的问题中选择不同的参考对象, 同一事物会有不同的含义。

在实际应用中, 有时会不易或者不宜给定这种清晰的相关度。自然地, 可用 Type-1 模糊集对这种相关度进行建模, 从而得到模糊的相关度。此时, 需要对相关型 Type-1 模糊集进行扩展来处理这种模糊相关度。

定义 7.2 设 A 是论域 X 上的 Type-1 模糊集, 其隶属度函数为 $f_A(x)$。R 是论域 Z 上的一个 Type-1 模糊集, 为参考集。假设 A 对 R 的相关度 (或者影响度、贡献度) 是 Y 上的一个模糊数 C, 其中 $Y \subseteq [0,1]$, C 的隶属度函数为 $f_C(y)$。A 的以 R 为参考集的相关型 Type-1 模糊集为论域 $Y(Y \subseteq [0,1])$ 上的模糊集, 记作 A_R, 由以下步骤进行定义 (图 7.1)。

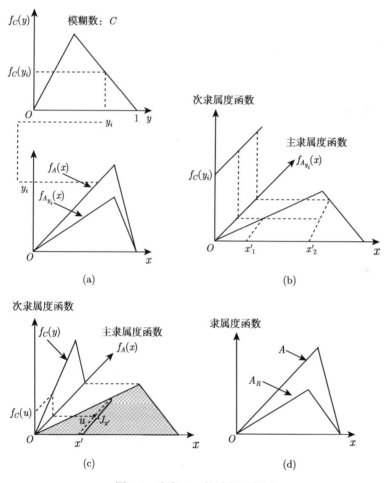

图 7.1 定义 7.2 的过程示意图

步骤 1 让 $y_i \in Y$ 与 $f_A(x)$ 相乘, 得到一个隶属度函数是 $y_i \cdot f_A(x)$ 的 Type-1 模糊集, 记为 A_{y_i} (图 7.1(a))。

步骤 2 给 A_{y_i} 赋予一个次隶属度, 这个次隶属度等于 y_i 的隶属度 $f_C(y_i)$, 即 A_{y_i} 中每个元素的次隶属度均等于 $f_C(y_i)$, 这样得到一个 Type-2 模糊集 $\tilde{A}_{y_i}$。为便于观察, 将 $\tilde{A}_{y_i}$ 放在一个三维坐标系下, 如图 7.1(b) 所示。

　　步骤 3　重复步骤 1 和步骤 2, 使 y_i 取遍整个论域 Y, 直到 $f_A(x)$ 与 Y 中的每个元素都相乘。Y 中的每一元素均确定一个 Type-2 模糊集。所有的 Type-2 模糊集的主隶属度函数充满 A 的隶属度函数图像所围成的整个区域 (如图 7.1(c) 阴影部分所示)。因此, 论域 X 中的每个元素 x' 具有介于 $J_{x'} = [0, f_A(x')]$ 的主隶属度, 其中, $J_{x'}$ 中的任意元素 u 具有唯一的次隶属度 $f_C(u)$ (图 7.1(c) 中的 u 点)。从而, 得到一个 Type-2 模糊集:

$$\tilde{A}_R = \int_X \frac{\mu_{\tilde{A}_R}(x)}{x}$$

$$= \int_X \frac{\displaystyle\int_{J_x^u} \frac{f_C(u)}{u}}{x}$$

$$J_x^u = \{(x, u) : u \in [0, f_A(x)]\} \subseteq [0, 1]$$

　　步骤 4　对 $\tilde{A}_R$ 进行降型。降型的结果 A_R 定义为 A 的以 R 为参考集的相关 Type-1 模糊集。图 7.1(d) 给出了以质心降型为例的示意图。质心降型的公式详见文献 [28] 或者文献 [40] 和 [157]。

　　注　(1) 显然, 当模糊数 C 退化为清晰数 r 时, 定义 7.2 退化为定义 7.1。

　　(2) 一般情况下, Type-2 模糊集的次隶属度函数难以确定, 而在步骤 3 中, $\tilde{A}_R$ 却能够得到明确的次隶属度函数表达式。因此, 对于 $\tilde{A}_R$ 来说, Type-2 模糊集的一些运算变得易于实施, 如并运算、交运算、补运算以及实时运算瓶颈的降型运算等。尽管定义显得有些复杂, 特别是步骤 4 中的降型运算, 但实际上明确的次隶属度函数使得降型运算易于进行。

　　(3) 相关模糊集包含了两个模糊集之间的相关性信息, 因此将其应用到模糊推理过程中, 应该可以捕获到模糊规则中更多的不确定性信息。

　　(4) 相关模糊集本质上还是一个模糊集, 不同的是它体现了模糊集之间的相关性信息, 因此模糊集的一些基本概念和运算性质对于相关模糊集来说有了一定的扩展。例如, 相关模糊集 A_R 是空集, 当且仅当 A 是空集或者 A 对 R 的相关度为零; 相关模糊集 A_R 和 B_R 相等并不意味着 A 和 B 相等, 反之亦然; "属于" 的概念也有如下区别:

　　① "x 属于 A", 即 $f_A(x) \geqslant \alpha$, 则不一定有 "x 属于 A_R"。

　　② "x 不属于 A", 即 $f_A(x) \leqslant \beta$, 则一定有 "x 不属于 A_R"。

③ "x 与 A 的隶属关系不明确", 即 $\beta < f_A(x) < \alpha$, 则不一定有 "x 与 A_R 的关系不明确"。事实上, x 可以不属于 A_R。

值得注意的是, 尽管模糊集之间的相关度和模糊关系有些相似, 但是两者之间有本质上的不同。事实上, 模糊关系是一个模糊集, 它反映了两个集合元素之间的相关度, 而两个模糊集的相关度刻画的是集合之间的相关关系, 可以是一个清晰数也可以是一个模糊数。

下面讨论与相关型模糊集有关的一些概念, 这些概念是普通模糊集概念的扩展。假设以下定义中的相关型模糊集的参考集均为 R, 且相关型模糊集的论域均为集合 U。

1. 相关型模糊空集

一个相关型模糊集 A_R 是空的, 当且仅当其隶属度函数在 U 上等于 0, 即 A 是空集或 A 对 R 的相关度是 0, 用公式表示为

$$A_R = \varnothing \Leftrightarrow A = \varnothing \tag{7.7}$$

或者

$$A_R = \varnothing \Leftrightarrow r = 0 \tag{7.8}$$

2. 相关型模糊集的相等

两个相关型模糊集 A_R 和 B_R 是相等的, 记作 $A_R = B_R$, 当且仅当对所有的 $x \in U$ 有

$$f_{A_R}(x) = f_{B_R}(x)$$

在下面讨论过程中, 简记为 $f_{A_R} = f_{B_R}$。

用表达式可表示为

$$A_R = B_R \Leftrightarrow f_{A_R}(x) = f_{B_R}(x), \quad x \in U \tag{7.9}$$

3. 相关型模糊集的补集

一个相关型模糊集 A_R 的补集用 $\bar{A}_R$ 表示, 定义为

$$f_{\bar{A}_R}(x) = 1 - f_{A_R}(x) \tag{7.10}$$

4. 相关型模糊集的包含

相关型模糊集 A_R 包含于相关型模糊集 B_R，或者说 A_R 是 B_R 的子集，亦或者 A_R 小于等于 B_R，当且仅当 $f_{A_R} \leqslant f_{B_R}$，用符号表示为

$$A_R \subset B_R \Leftrightarrow f_{A_R} \leqslant f_{B_R} \tag{7.11}$$

5. 相关型模糊集的并

两个相关型模糊集 A_R 和 B_R，其隶属度函数分别是 $f_{A_R}(x)$ 和 $f_{B_R}(x)$，则 A_R 和 B_R 的并是另一个相关型模糊集 C_R，记为 $C_R = A_R \cup B_R$，其隶属度函数与 A_R 和 B_R 的隶属度函数有关，表达式为

$$f_{C_R}(x) = f_{A_R} \Delta f_{B_R} \tag{7.12}$$

常见的 Δ 有以下几种定义：

$$
\begin{aligned}
&f_{A_R} \Delta f_{B_R} = \max(f_{A_R}, f_{B_R}) \\
&f_{A_R} \Delta f_{B_R} = f_{A_R} + f_{B_R} - f_{A_R} \cdot f_{B_R} \\
&f_{A_R} \Delta f_{B_R} = \min(f_{A_R} + f_{B_R}, 1) \\
&f_{A_R} \Delta f_{B_R} = \frac{f_{A_R} + f_{B_R}}{1 + f_{A_R} \cdot f_{B_R}}
\end{aligned}
\tag{7.13}
$$

注　当式 (7.13) 取常用的 t-余范数时，两个相关型模糊集的并的定义等价于 "A_R 和 B_R 的并是包含 A_R 和 B_R 的最小的相关型模糊集"。

6. 相关型模糊集的交

两个隶属度函数分别是 $f_{A_R}(x)$ 和 $f_{B_R}(x)$ 的相关型模糊集 A_R 和 B_R，它们的交是另外一个相关型模糊集 C_R，记为 $C_R = A_R \cap B_R$，其隶属度函数为

$$f_{C_R}(x) = f_{A_R} \bigstar f_{B_R} \tag{7.14}$$

常见的 $\bigstar$ 有以下几种定义：

$$
\begin{aligned}
&f_{A_R} \bigstar f_{B_R} = \min(f_{A_R}, f_{B_R}) \\
&f_{A_R} \bigstar f_{B_R} = f_{A_R} \cdot f_{B_R} \\
&f_{A_R} \bigstar f_{B_R} = \min(0, f_{A_R} + f_{B_R} - 1) \\
&f_{A_R} \bigstar f_{B_R} = \frac{f_{A_R} \cdot f_{B_R}}{1 + (1 - f_{A_R}) \cdot (1 - f_{B_R})}
\end{aligned}
\tag{7.15}
$$

类似并的情况，容易看到式 (7.15) 取常用的 t-范数时，A_R 和 B_R 的交是同时包含于 A_R 和 B_R 的最大的相关型模糊集。

注 "属于" 这个概念在经典集合和普通模糊集中占有举足轻重的地位，但是在相关型模糊集中有着不同的含义。例如，对于给定的两个水平 α 和 β $(0 < \alpha < 1,$ $0 < \beta < 1, \alpha > \beta)$，下列命题成立。

(1) "x 属于 A" 即 $f_A(x) \geqslant \alpha$，但 "x 不一定属于 A_R"。

(2) "x 不属于 A" 即 $f_A(x) \leqslant \beta$，却暗含 "x 一定不属于 A_R"。

(3) "x 对 A 有不确定的状态" 即 $\beta < f_A(x) < \alpha$，并不能说明 "x 对 A_R 也有不确定状态"，事实上 x 可以不属于 A_R。

事实上，令 $\alpha = 0.8$、$\beta = 0.2$。如果 $f_A(x) = 0.85$，则有 "x 属于 A"。如果 A 与参考集 R 的相关度是 0.2，则有

$$f_{A_R}(x) = 0.85 \times 0.2 = 0.17 < 0.2$$

故 x 不属于 A_R。

由于相关度 r 总小于 1，有

$$f_{A_R}(x) \leqslant f_A(x) \leqslant \beta$$

如果 x 不属于 A，即 $f_A(x) \leqslant \beta$，则一定有 x 一定不属于 A_R。

假设 $f_A(x) = 0.6$，如果 A 与参考集 R 的相关度是 0.5，则有

$$f_{A_R}(x) = 0.6 \times 0.5 = 0.3 > 0.2$$

因此，x 对 A_R 也有不确定状态。

如果 A 与参考集 R 的相关度是 0.3，则有

$$f_{A_R}(x) = 0.6 \times 0.3 = 0.18 < 0.2$$

此时，x 不属于 A_R。

如果在并的定义中，t-余范数采用取大 t-余范数，在交的定义中，t-范数采用取小 t-范数，则很容易将模糊集的八大运算律推广到相关型模糊集中。例如，设 A_R、B_R、C_R 是论域 X 上的相关型模糊集，有如下定律。

分配律：

$$A_R \cap (B_R \cup C_R) = (A_R \cap B_R) \cup (A_R \cap C_R)$$

$$A_R \cup (B_R \cap C_R) = (A_R \cup B_R) \cap (A_R \cup C_R)$$

结合律:

$$A_R \cap (B_R \cap C_R) = (A_R \cap B_R) \cap C_R$$

$$A_R \cup (B_R \cup C_R) = (A_R \cup B_R) \cup C_R$$

交换律:

$$A_R \cap B_R = B_R \cap A_R$$

$$A_R \cup B_R = B_R \cup A_R$$

吸收律:

$$A_R \cap B_R = B_R \cap A_R$$

$$A_R \cup B_R = B_R \cup A_R$$

幂等律:

$$A_R \cap A_R = A_R$$

$$A_R \cup A_R = A_R$$

同一律:

$$A_R \cap X = A_R, \quad A_R \cup X = X$$

$$A_R \cup \varnothing = A_R, \quad A_R \cap \varnothing = \varnothing$$

对偶律:

$$\overline{A_R \cap B_R} = \overline{A_R} \cup \overline{B_R}$$

$$\overline{A_R \cup B_R} = \overline{A_R} \cap \overline{B_R}$$

双重否定律:

$$\overline{\overline{A}}_R = A_R$$

7.2.2   一般模糊集的相关自运算

模糊集的相关自运算指一个模糊集在多个参考标准下的有关运算。例如,以
"英俊" 为参考标准,"胖" 对应一个相关型模糊集,以 "强壮" 为参考标准,胖对应
另外一个相关型模糊集。那么,以双重标准 "英俊" 和 "强壮" 为参考,"胖" 对应
相关型模糊集是怎样的呢?

定义 7.3 设 A_{R_1} 和 A_{R_2} 是 A 的分别以 R_1 和 R_2 为参考集的相关型模糊集,隶属度函数分别为 $f_{A_{R_1}}(x)$ 和 $f_{A_{R_2}}(x)$。A 的相关自交集是另外一个相关型模糊集 $A_{R_1 \cap R_2}$,记为 $A_{R_1 \cap R_2} = A_{R_1} \cap A_{R_2}$,其隶属度函数与 A_{R_1} 和 A_{R_2} 的隶属度函数有关,其表达式为

$$f_{A_{R_1 \cap R_2}}(x) = f_{A_{R_1}}(x) \bigstar f_{A_{R_2}}(x) \tag{7.16}$$

定义 7.4 设 A_{R_1} 和 A_{R_2} 是两个相关型模糊集,其参考集分别为 R_1 和 R_2,隶属度函数分别为 $f_{A_{R_1}}(x)$ 和 $f_{A_{R_2}}(x)$。A 的相关自并集同样是一个相关型模糊集 $A_{R_1 \cup R_2}$,记为 $A_{R_1 \cup R_2} = A_{R_1} \cup A_{R_2}$,其隶属度函数定义如下:

$$f_{A_{R_1 \cup R_2}}(x) = f_{A_{R_1}}(x) \Delta f_{A_{R_2}}(x) \tag{7.17}$$

定义 7.5 设 A_{R_1} 和 A_{R_2} 是 A 的分别以 R_1 和 R_2 为参考集的相关型模糊集,其隶属度函数分别为 $f_{A_{R_1}}(x)$ 和 $f_{A_{R_2}}(x)$。A_{R_1} 和 A_{R_2} 是相关自相等的,记为 $A_{R_1} = A_{R_2}$,当且仅当对论域 X 中的所有 x,有 $f_{A_{R_1}}(x) = f_{A_{R_2}}(x)$,也就是说 $r_1 = r_2$,其中 r_1 和 r_2 分别表示以 R_1 和 R_2 为参考集的清晰相关度。

模糊集的相关自运算可以推广到有 $n\ (n > 2)$ 个参考集的情形:

$$A_{\bigcap\limits_{i=1}^{n} R_i} = \bigcap_{i=1}^{n} A_{R_i}$$

即

$$f_{A_{\bigcap\limits_{i=1}^{n} R_i}}(x) = \mathop{\bigstar}\limits_{i=1}^{n} f_{A_{R_i}}(x) \tag{7.18}$$

$$A_{\bigcup\limits_{i=1}^{n} R_i} = \bigcup_{i=1}^{n} A_{R_i}$$

即

$$f_{A_{\bigcup\limits_{i=1}^{n} R_i}}(x) = \mathop{\Delta}\limits_{i=1}^{n} f_{A_{R_i}}(x) \tag{7.19}$$

如果式 (7.18) 和式 (7.19) 中的 t-范数 $\bigstar$ 和 t-余范数 Δ 分别是取小 t-范数和取大 t-余范数,则式 (7.18) 和式 (7.19) 分别等价于

$$A_{\bigcap\limits_{i=1}^{n} R_i} = \bigcap_{i=1}^{n} A_{R_i}$$
$$= \text{Largest}\, \{S | S \subseteq A_{R_i}, i = 1, 2, \cdots, n\} \tag{7.20}$$

$$A_{\bigcup\limits_{i=1}^{n} R_i} = \bigcup_{i=1}^{n} A_{R_i}$$
$$= \text{Smallest}\, \{S | S \supseteq A_{R_i}, i = 1, 2, \cdots, n\} \tag{7.21}$$

且有下面属性成立。

德摩根定理:

$$\left(\bigcap_{i=1}^{n} A_{R_i}\right)' = \bigcup_{i=1}^{n} A'_{R_i} \tag{7.22}$$

$$\left(\bigcup_{i=1}^{n} A_{R_i}\right)' = \bigcap_{i=1}^{n} A'_{R_i} \tag{7.23}$$

分配律:

$$A_R \cap \left(\bigcup_{i=1}^{n} A_{R_i}\right) = \bigcup_{i=1}^{n} (A_R \cap A_{R_i}) \tag{7.24}$$

$$A_R \cup \left(\bigcap_{i=1}^{n} A_{R_i}\right) = \bigcap_{i=1}^{n} (A_R \cup A_{R_i}) \tag{7.25}$$

7.3   相关型 Type-2 模糊集

有了相关型 Type-1 模糊集的概念, 本节将其推广到 Type-2 模糊集的情形。在此将给出相关型一般 Type-2 模糊集的定义, 并讨论其表示方法和基本运算。

7.3.1   相关型 Type-2 模糊集的定义

定义 7.6   设 $\tilde{A}$ 是论域 X 上的一般型 Type-2 模糊集, 其下隶属度函数是 $\underline{\mu}_{\tilde{A}}(x)$, 上隶属度函数是 $\bar{\mu}_{\tilde{A}}(x)$, 对应的 Type-1 模糊集分别是 L 和 U, 即

$$\tilde{A} = \int_X \frac{\mu_{\tilde{A}}(x)}{x}$$
$$= \int_X \frac{\int_{J_x^u} \frac{f_x(u)}{u}}{x} \tag{7.26}$$
$$J_x^u = \left\{(x, u) : u \in \left[\underline{\mu}_{\tilde{A}}(x), \bar{\mu}_{\tilde{A}}(x)\right]\right\} \subseteq [0, 1]$$

R 为论域 Y 上的一个 Type-1 模糊集, 为参考集。假设 $\tilde{A}$ 对 R 的相关度 (或者影响度、贡献度) 是 r, r 在区间 $[0, 1]$ 上取值。L 和 U 对 R 的相关型模糊集是

L_R 和 U_R，隶属度函数分别为 $\mu_{L_R}(x)$ 和 $\mu_{U_R}(x)$。$\tilde{A}_R$ 表示 $\tilde{A}$ 的以 R 为参考集的相关型 Type-2 模糊集，定义为

$$
\begin{aligned}
\tilde{A}_R &= \int_X \frac{\mu_{\tilde{A}_R}(x)}{x} \\
&= \int_X \frac{\displaystyle\int_{J_x^u(R)} \frac{f_x\left(\dfrac{u}{r}\right)}{u}}{x}
\end{aligned}
\tag{7.27}
$$

$$
J_x^u(R) = \{(x,u) : u \in [\mu_{L_R}(x), \mu_{U_R}(x)]\} \subseteq [0,1]
$$

下面采用 Liu 和 Mendel 在文献 [136] 的表示方法，用内嵌相关型模糊集来表示相关型 Type-2 模糊集。

7.3.2 相关型 Type-2 模糊集的表示方法

假设主变量 x 被离散成 N 个值 $x_1, x_2, \cdots, x_N$，每个值对应的主隶属度 u_i 被离散成 M_i 个值 $u_{i1}, u_{i2}, \cdots, u_{iM_i}$。用 $(\tilde{A}_R)_e^j$ 代表相关型 Type-2 模糊集 $\tilde{A}_R$ 的第 j 个相关型 Type-2 模糊集，即

$$
(\tilde{A}_R)_e^j \equiv \left\{ \left(x_i, \left(u_i^j, f_{x_i}\left(\frac{u_i^j}{r(x_i)} \right) \right) \right) \right\}
\tag{7.28}
$$
$$
u_i^j \in \{u_{ik}, k = 1, 2, \cdots, M_i\}, \quad i = 1, 2, \cdots, N
$$

式中，$f_{x_i}\left(\dfrac{u_i^j}{r(x_i)} \right)$ 是 u_i^j 在相关度为 $r(x_i)$ 时的次隶属度。

注意到 $(\tilde{A}_R)_e^j$ 同样可以表示成

$$
(\tilde{A}_R)_e^j = \sum_{i=1}^{N} \frac{f_{x_i}\left(\dfrac{u_i^j}{r(x_i)} \right)}{\dfrac{u_i^j}{x_i}}
\tag{7.29}
$$
$$
u_i^j \in \{u_{ik}, k = 1, 2, \cdots, M_i\}
$$

因此，$\tilde{A}_R$ 可以表示成它的内嵌相关型 Type-2 模糊集的并，即

$$
\tilde{A}_R = \sum_{j=1}^{n_A} (\tilde{A}_R)_e^j
\tag{7.30}
$$

$$n_A = \prod_{i=1}^{N} M_i \tag{7.31}$$

注　这种用一种比较简单的相关 Type-2 模糊集,即内嵌相关 Type-2 模糊集,来表示一个相关 Type-2 模糊集的方法,在理论推导过程中非常有用,但是这要求明确地给出 n_A 个内嵌相关型 Type-2 模糊集,而 n_A 可能是无穷大,故在计算中不提倡使用。

7.3.3　相关型 Type-2 模糊集的基本运算

考虑两个相关型 Type-2 模糊集 $\tilde{A}_R$ 和 $\tilde{B}_R$,即

$$
\begin{aligned}
\tilde{A}_R &= \int_X \frac{\mu_{\tilde{A}_R}(x)}{x} \\
&= \int_X \frac{\displaystyle\int_{J_x^u(R)} \frac{f_x\left(\dfrac{u}{r}\right)}{u}}{x}
\end{aligned} \tag{7.32}
$$

$$J_x^u(R) = \{(x, u) : u \in [\mu_{L_{AR}}(x), \mu_{U_{AR}}(x)]\} \subseteq [0, 1]$$

以及

$$
\begin{aligned}
\tilde{B}_R &= \int_X \frac{\mu_{\tilde{B}_R}(x)}{x} \\
&= \int_X \frac{\displaystyle\int_{J_x^w(R)} \frac{g_x\left(\dfrac{w}{r}\right)}{w}}{x}
\end{aligned} \tag{7.33}
$$

$$J_x^w(R) = \{(x, w) : w \in [\mu_{L_{BR}}(x), \mu_{U_{BR}}(x)]\} \subseteq [0, 1]$$

下面分别定义它们的并运算和交运算。

1. 并运算

相关型 Type-2 模糊集 $\tilde{A}_R$ 和 $\tilde{B}_R$ 的并仍然是一个相关型 Type-2 模糊集,其隶属度函数由式 (7.34) 来计算 [153-158]:

$$
\begin{aligned}
\mu_{\tilde{A}_R \cup \tilde{B}_R}(x) &= \int_{u \in J_x^u(R)} \int_{w \in J_x^w(R)} \frac{f_x\left(\dfrac{u}{r}\right) \bigstar g_x\left(\dfrac{w}{r}\right)}{u \vee w} \\
&= \mu_{\tilde{A}_R}(x) \sqcup \mu_{\tilde{B}_R}(x), \quad x \in X
\end{aligned} \tag{7.34}
$$

式中，符号"⊔"表示广义的并运算，即 Type-2 模糊集的并运算。用符号 $\mu_{\tilde{A}_R}(x) \sqcup \mu_{\tilde{B}_R}(x)$ 来表示次隶属度函数 $\mu_{\tilde{A}_R}(x)$ 和 $\mu_{\tilde{B}_R}(x)$ 的并集，也将其作为式 (7.34) 中运算的简单记法。

由式 (7.34) 可知，在进行两个次隶属度函数 $\mu_{\tilde{A}_R}(x)$ 和 $\mu_{\tilde{B}_R}(x)$ 之间的并时，$v = u \vee w$ 必须取遍主隶属度函数 u 和 w 之间所有可能的序对，并且满足 $u \in J_x^u(R)$ 和 $w \in J_x^w(R)$。$\mu_{\tilde{A}_R \sqcup \tilde{B}_R}(x)$ 的次隶属度函数是由分别与 $\mu_{\tilde{A}_R}(x)$ 和 $\mu_{\tilde{B}_R}(x)$ 相对应的次隶属度 $f_x\left(\dfrac{u}{r}\right)$ 和 $g_x\left(\dfrac{w}{r}\right)$ 之间的 t-范数运算得到的。注意到，对于每个 x 值，并集都要涉及 Type-1 模糊集 (如次隶属度函数) 之间的运算，而并运算要对论域 X 中的每个元素进行计算。如果多于一个关于 u 和 w 的序对得到相同的点 $u \vee w$，则在并运算过程中取具有最大隶属度的那个序对。通常情况下，式 (7.34) 中的范数采用最大 t-余范数。

2. 交运算

两个相关型 Type-2 模糊集 $\tilde{A}_R$ 和 $\tilde{B}_R$ 的交集是隶属度函数为式 (7.35) 的另一个相关型 Type-2 模糊集：

$$\mu_{\tilde{A}_R \cap \tilde{B}_R}(x) = \int_{u \in J_x^u(R)} \int_{w \in J_x^w(R)} \frac{f_x\left(\dfrac{u}{r}\right) \star g_x\left(\dfrac{w}{r}\right)}{u \wedge w}$$
$$= \mu_{\tilde{A}_R}(x) \sqcap \mu_{\tilde{B}_R}(x), \quad x \in X \tag{7.35}$$

式中，"⊓"表示 Type-2 模糊集的交运算。

在执行交运算时，其过程和并运算基本相同，需要注意的是将并运算中的 $\vee$ 换成 $\wedge$。

7.4 相关型区间 Type-2 模糊集

前面讨论了相关型 Type-1 模糊集和相关型一般 Type-2 模糊集的概念，本节讨论相关型区间 Type-2 模糊集。

7.4.1 相关型区间 Type-2 模糊集的定义

定义 7.7 设 $\tilde{A}$ 是论域 X 上的区间型 Type-2 模糊集，其 FOU 分别由下隶属度函数 $\underline{\mu}_{\tilde{A}}(x)$ 和上隶属度函数 $\bar{\mu}_{\tilde{A}}(x)$ 所确定，两者对应的 Type-1 模糊集分别为 U 和 L。R 是论域 Y 上的一个 Type-1 模糊集，即参考集。假设 U 和 L 对 R 的相关型模糊集分别为 U_R 和 L_R (包括清晰相关度和模糊相关度两种情况)。$\tilde{A}$ 的以 R 为参考集的相关型区间 Type-2 模糊集，表示为 $\tilde{A}_R$，完全由其上隶属度函数 (UMF) 和下隶属度函数 (LMF)，即 $\mu_{U_R}(x)$ 和 $\mu_{L_R}(x)$ 所确定。其中，$\mu_{U_R}(x)$ 和 $\mu_{L_R}(x)$ 分别是 U_R 和 L_R 的隶属度函数，即相关型区间 Type-2 模糊集 $\tilde{A}_R$ 的 FOU 由下述 FOU 描述：

$$\mathrm{FOU}(\tilde{A}_R) = \bigcup_{x \in X} [\mu_{L_R}(x), \mu_{U_R}(x)] \tag{7.36}$$

如果 X 是离散论域，则式 (7.36) 可重新表示为

$$\mathrm{FOU}(\tilde{A}_R) = \bigcup_{x \in X} \{\mu_{L_R}(x), \cdots, \mu_{U_R}(x)\} \tag{7.37}$$

在式 (7.37) 中，"$\cdots$" 表示在 LMF 和 UMF 之间的所有内嵌 Type-1 模糊集。通常，在不混淆的情况下，式 (7.36) 和式 (7.37) 可以交换使用。

7.4.2　相关型区间 Type-2 模糊集的表示方法

对于一个论域 X 是离散的相关型区间 Type-2 模糊集 $\tilde{A}_R$，其包含的区域等于区域内所有内嵌 Type-1 模糊集的并，因此 $\tilde{A}_R$ 可表示为

$$\tilde{A}_R = \frac{1}{\mathrm{FOU}(\tilde{A}_R)} = \frac{1}{\bigcup\limits_{j=1}^{n_A} (A_R)_e^j} \tag{7.38}$$

式中，$(A_R)_e^j$ 是 $\tilde{A}_R$ 的一个内嵌 Type-1 模糊集 (此时 $(A_R)_e^j$ 充当式 (7.28) 中的 $(\tilde{A}_R)_e^j$，$j = 1, 2, \cdots, n_A$)；n_A 由式 (7.31) 表示，因此

$$(A_R)_e^j = \bigcup_{i=1}^{N} \frac{u_i^j}{x_i}, \quad u_i^j \in \{\mu_{L_R}(x_i), \cdots, \mu_{U_R}(x_i)\} \tag{7.39}$$

7.5　相关型模糊集在模糊推理中的应用

作为对第 5 章和第 6 章提出的面向后件集的模糊推理方法的抽象，本节在一个模糊集相互关联的环境给出一般意义下的面向后件集的模糊推理的概念，即相关模糊推理。其中，使用的主要工具是相关型模糊集。

在定义 7.8 中，考虑的是具有 p 个输入 $x_1 \in X_1$，$x_2 \in X_2$，$\cdots$，$x_p \in X_p$、1 个输出 $y \in Y$、M 条规则的 Type-1 模糊逻辑系统。另外，设第 l 条规则为 R^l：如果 x_1 是 F_1 且 x_2 是 F_2 且$\cdots\cdots$且 x_p 是 F_p，那么 y 是 G，其中 $F_1, F_2, \cdots, F_p, G$ 均为 Type-1 模糊集。

在定义 7.9 中, 考虑的是具有 p 个输入 $x_1 \in X_1$, $x_2 \in X_2$, $\cdots$, $x_p \in X_p$、1 个输出 $y \in Y$、M 条规则的区间型 Type-2 模糊逻辑系统。另外, 设第 l 条规则为 R^l: 如果 x_1 是 $\tilde{F}_1^l$ 且 x_2 是 $\tilde{F}_2^l$ 且……且 x_p 是 $\tilde{F}_p^l$, 那么 y 是 $\tilde{G}^l$, 其中 $\tilde{F}_1^l, \tilde{F}_2^l, \cdots, \tilde{F}_p^l, \tilde{G}^l$ 均为区间型 Type-2 模糊集。

在定义 7.10 中, 考虑的是具有 p 个输入 $x_1 \in X_1$, $x_2 \in X_2$, $\cdots$, $x_p \in X_p$、1 个输出 $y \in Y$、M 条规则的一般型 Type-2 模糊逻辑系统。另外, 设第 l 条规则为 R^l: 如果 x_1 是 $\tilde{F}_1^l$ 且 x_2 是 $\tilde{F}_2^l$ 且……且 x_p 是 $\tilde{F}_p^l$, 那么 y 是 G, 其中 $\tilde{F}_1^l, \tilde{F}_2^l, \cdots, \tilde{F}_p^l, G$ 均为一般型 Type-2 模糊集。

另外, 在定义 7.9 与定义 7.10 中, G 为 $\tilde{G}$ 的降型集。

定义 7.8 设 Type-1 模糊逻辑系统的第 l 条规则的前件集为 F_1 和 F_2, 后件集为 G。F_1 和 F_2 的以 G 为参考集的相关型模糊集分别为 F_{1G} 和 F_{2G}, 两者的隶属度函数分别是 $\mu_{F_{1G}}(x_1)$ 和 $\mu_{F_{2G}}(x_2)$(包含清晰相关度和模糊相关度两种情况)。用于 Type-1 模糊逻辑系统的相关模糊推理主要是得到激活水平, 该激活水平由式 (7.40) 或式 (7.41) 来计算。激活水平与整个后件集 G 取 t-范数运算, 得到的 Type-1 模糊集作为规则的输出集。

例如, 对于只有两个前件集变量的规则 "如果 x_1 为 F_1 且 x_2 为 F_2, 那么 y 为 G", 当 $x_1 = x_1'$、$x_2 = x_2'$ 时激活水平为

$$f(x') = \mu_{F_{1G}}(x_1') \bigstar \mu_{F_{2G}}(x_2') \tag{7.40}$$

对于有多个前件变量的规则 "如果 x_1 为 F_1 且 x_2 为 F_2 且……且 x_p 为 F_p, 那么 y 为 G", 激活水平由式 (7.41) 计算:

$$f(x') = \mathop{\bigstar}\limits_{i=1}^{p} \mu_{F_{iG}}(x_i') \tag{7.41}$$

定义 7.9 在区间型 Type-2 模糊逻辑系统中, $\tilde{F}_1$、$\tilde{F}_2$ 是第 l 条规则的两个前件集, $\tilde{G}$ 为后件集。$\tilde{F}_1$ 和 $\tilde{F}_2$ 的以 $\tilde{G}$ 为参考集的相关型区间型 Type-2 模糊集为 $\tilde{F}_{1\tilde{G}}$ 和 $\tilde{F}_{2\tilde{G}}$, 两者的下隶属度函数和上隶属度函数分别是 $\underline{\mu}_{\tilde{F}_{1\tilde{G}}}(x_1)$ 和 $\bar{\mu}_{\tilde{F}_{1\tilde{G}}}(x_1)$, 以及 $\underline{\mu}_{\tilde{F}_{2\tilde{G}}}(x_2)$ 和 $\bar{\mu}_{\tilde{F}_{2\tilde{G}}}(x_2)$(包括清晰相关度和模糊相关度两种情况)。用于区间型 Type-2 模糊逻辑系统的相关模糊推理, 是指激活区间 $F(x')$ 由式 (7.42)~式 (7.45) 计算, 其中 $F(x') = [\underline{f}(x'), \bar{f}(x')]$。$\underline{f}(x')$ 和 $\bar{f}(x')$ 分别与 LMF($\tilde{G}$) 和 UMF($\tilde{G}$) 取 t-范数运算, 得到的区间 Type-2 模糊集作为规则的输出集。

例如, 仅有两个前件集的规则 "如果 x_1 为 $\tilde{F}_1$ 且 x_2 为 $\tilde{F}_2$, 那么 y 为 $\tilde{G}$", 当

$x_1 = x_1'$、$x_2 = x_2'$ 时激活区间为

$$\underline{f}(x') = \underline{\mu}_{\tilde{F}_{1\tilde{G}}}(x_1') \bigstar \underline{\mu}_{\tilde{F}_{2\tilde{G}}}(x_2') \tag{7.42}$$

$$\bar{f}(x') = \bar{\mu}_{\tilde{F}_{1\tilde{G}}}(x_1') \bigstar \bar{\mu}_{\tilde{F}_{2\tilde{G}}}(x_2') \tag{7.43}$$

对于含有 p 个前件集变量的规则 "如果 x_1 为 $\tilde{F}_1$ 且 x_2 为 $\tilde{F}_2$ 且……且 x_p 为 $\tilde{F}_p$，那么 y 为 $\tilde{G}$"，当 $x_1 = x_i'$ 时激活区间为

$$\underline{f}(x') = \mathop{\bigstar}_{i=1}^{p} \underline{\mu}_{\tilde{F}_{i\tilde{G}}}(x_i') \tag{7.44}$$

$$\bar{f}(x') = \mathop{\bigstar}_{i=1}^{p} \bar{\mu}_{\tilde{F}_{i\tilde{G}}}(x_i') \tag{7.45}$$

式中，$\underline{f}(x')$ 和 $\bar{f}(x')$ 分别为激活区间的左右端点。

定义 7.10　设 $\tilde{F}_1$ 和 $\tilde{F}_2$ 为一般型 Type-2 模糊逻辑系统的第 l 条规则的两个前件集，$\tilde{G}$ 为后件集，$\tilde{F}_1$、$\tilde{F}_2$ 和 $\tilde{G}$ 有如下形式：

$$\tilde{F}_1 = \int_{X_1} \frac{\mu_{\tilde{F}_1}(x_1)}{x_1} = \int_{X_1} \frac{\displaystyle\int_{J_{x_1}^{u_1}} \frac{f_{x_1}(u_1)}{u_1}}{x_1} \tag{7.46}$$

$$J_{x_1}^{u_1} = \left\{ (x_1, u_1) : u_1 \in \left[\underline{\mu}_{\tilde{F}_1}(x_1), \bar{\mu}_{\tilde{F}_1}(x_1) \right] \right\} \subseteq [0,1]$$

$$\tilde{F}_2 = \int_{X_2} \frac{\mu_{\tilde{F}_2}(x_2)}{x_2} = \int_{X_2} \frac{\displaystyle\int_{J_{x_2}^{u_2}} \frac{f_{x_2}(u_2)}{u_2}}{x_2} \tag{7.47}$$

$$J_{x_2}^{u_2} = \left\{ (x_2, u_2) : u_2 \in \left[\underline{\mu}_{\tilde{F}_2}(x_2), \bar{\mu}_{\tilde{F}_2}(x_2) \right] \right\} \subseteq [0,1]$$

$$\tilde{G} = \int_Y \frac{\mu_{\tilde{G}}(y)}{y} = \int_Y \frac{\displaystyle\int_{J_y^u} \frac{f_y(u)}{u}}{y} \tag{7.48}$$

$$J_y^u = \{ (y, u) : u \in [\underline{\mu}_{\tilde{G}}(y), \bar{\mu}_{\tilde{G}}(y)] \} \subseteq [0,1]$$

式中，$\underline{\mu}_{\tilde{F}_i}(x_i)$ 和 $\bar{\mu}_{\tilde{F}_i}(x_i)$ 分别是一般型 Type-2 模糊集 $\tilde{F}_i$ 的下隶属度函数和上隶属度函数；$\underline{\mu}_{\tilde{G}}(y)$ 和 $\bar{\mu}_{\tilde{G}}(y)$ 是后件集 $\tilde{G}$ 的下隶属度函数和上隶属度函数。

$\tilde{F}_1$ 和 $\tilde{F}_2$ 的以 $\tilde{G}$ 为参考集的相关型一般 Type-2 模糊集为 $\tilde{F}_{1\tilde{G}}$ 和 $\tilde{F}_{2\tilde{G}}$，即

$$\tilde{F}_{\tilde{G}} = \int_{X_1} \frac{\mu_{\tilde{F}_{1\tilde{G}}}(x_1)}{x_1} \tag{7.49}$$

$$\tilde{F}_{\tilde{G}} = \int_{X_2} \frac{\mu_{\tilde{F}_{2\tilde{G}}}(x_2)}{x_2} \tag{7.50}$$

用于 Type-2 模糊逻辑系统的相关模糊推理，输出集 $\tilde{B}$ 的隶属度函数由式 (7.51) 计算，其中的激活模糊集 $\mathrm{FS}_{X'}$ 由式 (7.52) 或式 (7.53) 计算：

$$\mu_{\tilde{B}}(y) = \mu_{\tilde{G}}(y) \sqcap \mathrm{FS}_{X'} \tag{7.51}$$

对于双输入、单输出的规则 "如果 x_1 为 $\tilde{F}_1$ 且 x_2 为 $\tilde{F}_2$，那么 y 为 $\tilde{G}$"，当 $x_1 = x_1'$、$x_2 = x_2'$ 时激活模糊集为

$$\mathrm{FS}_{X'} = \mu_{\tilde{F}_1\tilde{G}}(x_1') \bigstar \mu_{\tilde{F}_2\tilde{G}}(x_2') \tag{7.52}$$

对于有 p 个输入、单个输出的规则 "如果 x_1 为 $\tilde{F}_1$ 且 x_2 为 $\tilde{F}_2$ 且……且 x_p 为 $\tilde{F}_p$，那么 y 为 $\tilde{G}$"，当 $x_1 = x_i'$ 时激活模糊集由式 (7.53) 计算：

$$\mathrm{FS}_{X'} = \bigstar_{i=1}^{p} \mu_{\tilde{F}_i\tilde{G}}(x_i') \tag{7.53}$$

式中，$\tilde{F}_{i\tilde{G}}$ 为 $\tilde{F}_i$ 的以 $\tilde{G}$ 为参考集的相关型一般 Type-2 模糊集。

7.6 相关型模糊集的面向后件集的模糊推理

基于相关模糊集的概念，如果将模糊规则中的后件集作为参考集，则会得到每个前件集的相关模糊集。在进行模糊推理时，让前件集的相关模糊集参与推理，而不是让前件集直接参与推理，则能将前件集与后件集之间的相关性信息引入模糊推理的过程。下面称这种类型的模糊推理为面向后件集的模糊推理，并分别在两种模糊逻辑系统中进行讨论。由于一般 Type-2 模糊集的计算复杂性，目前基于 Type-2 模糊逻辑系统的应用都是利用区间型 Type-2 模糊逻辑系统进行建模。限于篇幅，本书也不讨论一般型 Type-2 模糊逻辑系统的情况。

定义 7.11 对于一个基于规则的模糊逻辑系统，在其模糊推理的过程中，如果规则中的每个前件集的相关模糊集参与模糊推理，则该模糊推理称为面向后件集的模糊推理。其中，规则的后件集作为前件集的参考集。以下两种模糊逻辑系统均具有 p 个输入 $x_1 \in X_1, x_2 \in X_2, \cdots, x_p \in X_p$、1 个输出 $y \in Y$、m 条规则，其中第 l 条规则形为 "如果 x_1 是 F_1^l 且 x_2 是 F_2^l 且……且 x_p 是 F_p^l，那么 y 是 G^l"。

(1) 设 F_i^l 为 Type-1 模糊逻辑系统中第 l 条规则的前件集，G^l 为后件集；F_i^l 的以 G^l 为参考集的相关模糊集为 $F_{iG^l}^l$，其隶属度函数是 $\mu_{F_{iG^l}^l}(x_1)$。基于 Type-1 模

糊逻辑系统的面向后件集的模糊推理 (consequent-oriented fuzzy reasoning, COFR) 按以下步骤进行。

步骤 1　由式 (7.54) 计算激活水平：

$$f(X') = \underset{i=1}{\overset{p}{\bigstar}} \mu_{F^l_{iG^l}}(x'_i) \tag{7.54}$$

步骤 2　激活水平与后件集 G^l 进行 t-范数运算，得到的模糊集定义为该规则的输出 (规则输出或者激活规则)。

(2) 设 $\tilde{F}^l_i$ 是区间型 Type-2 模糊逻辑系统第 l 条规则的前件集，$\tilde{G}^l$ 是后件集。$\tilde{F}^l_i$ 的以 $\tilde{G}^l$ 为参考集的相关模糊集是 $\tilde{F}^l_{i\tilde{G}^l}$，其 LMF 和 UMF 为 $\underline{\mu}_{\tilde{F}^l_{i\tilde{G}^l}}(x_1)$ 和 $\bar{\mu}_{\tilde{F}^l_{i\tilde{G}^l}}(x_1)$。基于区间型 Type-2 模糊逻辑系统的面向后件集的模糊按以下步骤进行。

步骤 1　由式 (7.55) 计算激活区间 $F(X') = [\underline{f}(X'), \bar{f}(X')]$：

$$\underline{f}(X') = \underset{i=1}{\overset{p}{\bigstar}} \underline{\mu}_{\tilde{F}^l_{i\tilde{G}^l}}(x'_i)$$
$$\bar{f}(X') = \underset{i=1}{\overset{p}{\bigstar}} \bar{\mu}_{\tilde{F}^l_{i\tilde{G}^l}}(x'_i) \tag{7.55}$$

式中，$\underline{f}(X')$ 和 $\bar{f}(X')$ 分别是激活水平的左端点和右端点。

步骤 2　$\underline{f}(X')$ 和 $\bar{f}(X')$ 分别与 LMF($\tilde{G}^l$) 和 UMF($\tilde{G}^l$) 进行 t-范数运算，得到一个 FOU，该 FOU 定义为该规则的规则输出 (或者称为激活规则)。

定义 7.11 中，当相关度分别是清晰数和模糊数时，分别称 COFR 为具有清晰相关度的面向后件集的模糊推理 (COFR with crisp relationship degree, COFR-CRD) 和具有模糊相关度的面向后件集的模糊推理 (COFR with fuzzy relationship degree，COFR-FRD)。

7.7　相关型模糊集在模糊推理中的应用实例

目前，几乎所有基于 Type-2 模糊逻辑系统的实际应用都是利用区间型 Type-2 模糊集进行建模 [154-157]。本书也以区间型 Type-2 模糊逻辑系统为例进行仿真说明，实例中使用以下符号：

$\widetilde{SS}$、$\widetilde{MS}$ 和 $\widetilde{LS}$ 分别表示泥沙少、泥沙中、泥沙多对应的区间型 Type-2 模糊集；

$\widetilde{SG}$、$\widetilde{MG}$ 和 $\widetilde{LG}$ 分别表示油脂少、油脂中、油脂多对应的区间型 Type-2 模糊集；

$\widetilde{VS}$、$\tilde{S}$、$\tilde{M}$、$\tilde{L}$ 和 $\widetilde{VL}$ 分别表示时间很短、时间短、时间中、时间长、时间很长所对应的区间型 Type-2 模糊集；

$\widetilde{L(t)}$ 表示区间型 Type-2 模糊集 $\tilde{L}$ 的隶属度函数。

7.7.1 实例 1：基于 COFR-CRD 推理的仿真分析

本实例将 COFR-CRD 应用到模糊自动洗衣机控制器的简化设计中，并与乘积模糊推理和取小模糊推理进行比较，以表明 COFR 的特性。

1. 控制器的输入/输出

控制器有两个输入：衣服上的泥沙量和油脂量，两者可由感光传感器测得。由于只考虑洗涤时间，控制器的输入输出设计成双输入–单输出的结构。

2. 定义输入/输出变量

为了使输入变量的值覆盖感光传感器的测量范围，把输入变量的值标准化为 [0,100]。输入/输出变量的隶属度函数如图 7.2 所示。图中给出其中一条规则的示意图：泥沙多，油脂中，则时间长。其他规则与此类似。

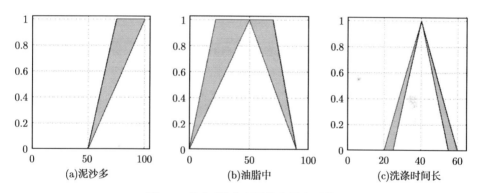

图 7.2 输入/输出变量的隶属度函数

3. 模糊规则

模糊控制器的规则集如表 7.1 所示。

表 7.1 模糊控制器的规则集

模糊规则	$\widetilde{SG}$	$\widetilde{MG}$	$\widetilde{LG}$
$\widetilde{SS}$	$\widetilde{VS}(1)$	$\widetilde{M}(4)$	$\widetilde{L}(7)$
$\widetilde{MG}$	$\widetilde{S}(2)$	$\widetilde{M}(5)$	$\widetilde{L}(8)$
$\widetilde{LS}$	$\widetilde{M}(3)$	$\widetilde{L}(6)$	$\widetilde{VL}(9)$

注：(1)~(9) 表示九条模糊规则的序号；x、y、t 分别表示泥沙量、油脂量和洗涤时间。

4. 模糊推理

为便于比较, 将泥沙量固定为 60, 油脂量在 5、10、35 和 74 (小、较小、中、较大) 上变化, 相关结果总结在表 7.2~表 7.4 中。泥沙量、油脂量及相关度变化时的推理结果总结在表 7.5~表 7.8 中。当 $x' = 60$、$y' = 5, 10, 74$ 时, 对应的主隶属度分别是 $J(60) = [0.3, 0.5]$、$J(5) = [0.1, 0.3]$、$J(10) = [0.2, 0.6]$ 和 $J(74) = [0.4, 0.7]$。$x' = 60$、$y' = 5$ 和 $x' = 60$、$y' = 10$ 分别激活了四条规则, 即模糊规则 (2)、(3)、(5)、(6)。$x' = 60$、$y' = 74$ 激活另外四条规则, 即模糊规则 (5)、(6)、(8)、(9)。限于篇幅, 以较复杂的规则 (5)、(6) 进行比较, 并设泥沙和油脂对时间的影响度分别是 0.3 和 0.8。此处为了使规则输出由所有前件集根据各自的相关度所共同确定, 将 $\widetilde{\mathrm{LS}}$ 和 $\widetilde{\mathrm{MG}}$ 对 $\tilde{L}$ 的相关度分别重新设定为 $r_1 = \dfrac{0.3}{0.3 + 0.8}$、$r_2 = \dfrac{0.8}{0.3 + 0.8}$。

表 7.2 $J(60) = [0.3, 0.5]$、$J(5) = [0.1, 0.3]$ 时三种模糊推理的比较结果

模糊推理	取小推理	乘积推理	COFR-CRD
激活水平	[0.1,0.3]	[0.03,0.15]	[0.15,0.35]
规则输出	[0.1,0.3]$\bigstar\tilde{L}$	[0.03,0.15]$\bigstar\tilde{L}$	[0.15,0.35]$\bigstar\tilde{L}$

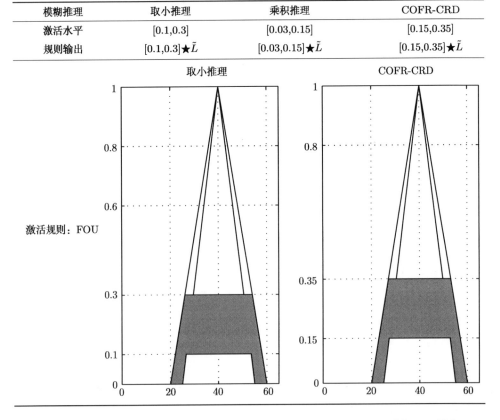

由定义 7.4 可得 $\widetilde{\mathrm{LS}}$ 和 $\widetilde{\mathrm{MG}}$ 的以 $\tilde{L}$ 为参考集的相关模糊集为 $\widetilde{\mathrm{LS}}_{\tilde{L}}$ 和 $\widetilde{\mathrm{MG}}_{\tilde{L}}$, 两

者的 LMF 和 UMF 分别为 $\underline{\mu}_{\widetilde{\mathrm{LS}}_{\tilde{L}}}(x)$、$\bar{\mu}_{\widetilde{\mathrm{LS}}_{\tilde{L}}}(x)$ 和 $\underline{\mu}_{\widetilde{\mathrm{MG}}_{\tilde{L}}}(x)$、$\bar{\mu}_{\widetilde{\mathrm{MG}}_{\tilde{L}}}(x)$。模糊推理的结果 (激活区间、规则输出和激活规则) 总结在表 7.2~表 7.4 中。因为 $A(x) * B(x)$ 总小于 $A(x) \wedge B(x)$ ($*$ 和 $\wedge$ 分别表示乘积和取小 t-范数),所以如果 COFR 优于取小推理,则也必然优于乘积推理。这里的 "优劣" 指模糊推理所得的激活规则面积的大小,面积越大说明模糊推理捕获到规则中的不确定性信息越多。表 7.2~表 7.4 没有列出乘积推理的激活规则示意图,表中图的程序详见附录。

由表 7.2 可见,当泥沙量远大于油脂量时,取小推理的规则输出仍由油脂量唯一决定 ($[0.1, 0.3] \bigstar \tilde{L}$);乘积推理的结果没有反映泥沙含量对时间的影响 ($[0.03, 0.15] \cap J(60) = \varnothing$);COFR 则同时考虑了泥沙和油脂两个因素 ($[0.15, 0.35] \bigstar \tilde{L}$),且所得 FOU 的面积 (阴影部分,下同) 比取小和乘积推理大。左右两侧 FOU 的面积分别为 7.35 和 7.38。

表 7.3 $J(60) = [0.3, 0.5]$、$J(10) = [0.2, 0.6]$ 时三种模糊推理的比较结果

模糊推理	取小推理	乘积推理	COFR-CRD
激活区间	[0.2,0.5]	[0.06,0.3]	[0.23,0.57]
规则输出	[0.2,0.5]$\bigstar\tilde{L}$	[0.06,0.3]$\bigstar\tilde{L}$	[0.23,0.57]$\bigstar\tilde{L}$

激活规则: FOU

由表 7.3 可知, 当油脂量增大时 (仍远小于泥沙量), 取小和乘积推理的结果与表 7.2 相似, 均由油脂量唯一决定; COFR 则不仅完全考虑了泥沙因素 ([0.3,0.5] ⊂ [0.23,0.57]), 还很好地考虑了油脂因素, 且 FOU 面积显著增大。

表 7.4　$J(60) = [0.3, 0.5]$、$J(74) = [0.4, 0.7]$ 时三种模糊推理的比较结果

模糊推理	取小推理	乘积推理	COFR-CRD
激活区间	[0.3,0.5]	[0.12,0.35]	[0.37,0.65]
规则输出	[0.3,0.5]★$\tilde{L}$	[0.12,0.35]★$\tilde{L}$	[0.37,0.65]★$\tilde{L}$

表 7.4 表明, 当油脂量超过泥沙量时, 取小和乘积推理的结果由泥沙唯一决定, 这与实际经验不符; COFR 仍兼顾了两种因素, 且 FOU 的面积明显较大, 这是因为考虑了每个前件集对后件集的相关度信息。

由表 7.2~表 7.4 可知, 取小和乘积模糊推理得到的激活规则有时仅由其中一个前件集决定, 而忽略了其他前件集, 这会丢失后件集与某些前件集之间的一些信息。表 7.5 给出了当 r_1、r_2 变化时 COFR 推理的 FOU 的面积, 此时取小模糊推理所得的面积为 4.80; 表 7.6 给出了当泥沙量和油脂量变化时 COFR 的推理结果; 表 7.7 和表 7.8 给出了规则 (5) 的相应推理结果, 相关程序见附录。

表 7.5 相关度 r_1、r_2 变化时的推理结果

r_1 \ r_2	0.1	0.2	0.3	0.4	0.5	0.6	0.7	0.8	0.9	1.0
0.1	7.20	6.57	6.30	6.14	6.04	5.97	5.92	5.88	5.85	5.83
0.2	7.91	7.20	6.81	6.57	6.41	6.30	6.21	6.14	6.08	6.04
0.3	8.30	7.61	7.20	6.92	6.72	6.57	6.46	6.37	6.30	6.23
0.4	8.54	7.91	7.49	7.20	6.98	6.81	6.68	6.57	6.48	6.41
0.5	8.71	8.13	7.72	7.42	7.20	7.02	6.87	6.75	6.66	6.57
0.6	8.83	8.30	7.91	7.61	7.38	7.20	7.04	6.92	6.81	6.72
0.7	8.92	8.43	8.06	7.77	7.54	7.35	7.20	7.06	6.95	6.85
0.8	8.99	8.54	8.19	7.91	7.68	7.49	7.33	7.20	7.08	6.98
0.9	9.05	8.63	8.30	8.02	7.80	7.61	7.45	7.31	7.20	7.09
1.0	9.10	8.71	8.39	8.13	7.91	7.72	7.56	7.42	7.31	7.20

表 7.6 泥沙和油脂量变化时的推理结果1

x'	52	54	56	58	60	62	64	66	68	70
y'	5	10	15	20	25	30	35	40	45	50
COFR	6.04	9.99	11.84	10.95	9.54	8.32	7.28	6.44	5.80	5.34
Min	1.89	3.58	5.06	1.15	1.55	1.99	2.47	3.00	3.58	4.20
x'	72	74	76	78	80	82	84	86	88	90
y'	55	60	65	70	75	80	85	90	95	100
COFI	9.41	9.02	6.82	7.53	8.18	8.33	7.94	7.02	5.57	3.59
Min	5.74	6.23	6.35	7.40	7.08	5.14	2.02	6.15	3.53	1.44

表 7.7 相关度 r_1、r_2 变化时的推理结果

r_1 \ r_2	0.1	0.2	0.3	0.4	0.5	0.6	0.7	0.8	0.9	1.0
0.1	6.84	6.41	6.21	6.08	6.02	5.94	5.90	5.86	5.84	5.81
0.2	7.27	6.84	6.58	6.41	6.30	6.21	6.14	6.08	6.04	6.01
0.3	7.50	7.10	6.84	6.66	6.52	6.41	6.33	6.26	6.21	6.16
0.4	7.63	7.27	7.02	6.84	6.70	6.58	6.49	6.41	6.35	6.30
0.5	7.72	7.40	7.16	6.98	6.84	6.72	6.63	6.54	6.47	6.41
0.6	7.78	7.50	7.27	7.10	6.96	6.84	6.74	6.66	6.58	6.52
0.7	7.83	7.57	7.36	7.19	7.06	6.94	6.84	6.75	6.68	6.61
0.8	7.87	7.63	7.43	7.27	7.14	7.02	6.93	6.84	6.76	6.70
0.9	7.90	7.68	7.50	7.34	7.21	7.10	7.01	6.92	6.84	6.77
1.0	7.92	7.72	7.55	7.40	7.27	7.16	7.07	6.98	6.91	6.84

注：此时，取小推理得到的 FOU 的面积为 3.38。

表 7.8 泥沙和油脂量变化时的推理结果2

$y'(x'=20)$	30	32	34	36	38	40	42	44	46	48
COFR	7.93	7.54	7.19	6.85	6.55	6.26	6.01	5.77	5.57	5.39
Min	5.17	4.72	4.31	3.95	3.64	3.37	3.16	2.99	2.87	2.80
$y'(x'=20)$	50	52	54	56	58	60	62	64	66	68
COFR	5.23	5.39	5.57	5.77	6.01	6.26	6.55	6.85	7.19	7.54
Min	2.77	2.80	2.87	2.99	3.16	3.37	3.64	3.95	4.31	4.72
$x'(y'=60)$	70	71.5	73	74.5	76	77.5	79	80.5	82	83.5
COFR	5.97	6.03	6.08	6.13	6.18	6.22	6.25	6.28	6.30	6.31
Min	5.60	5.55	5.40	5.15	4.80	4.35	3.80	3.15	2.40	1.55
$x'(y'=60)$	85	86.5	88	89.5	91	92.5	94	95.5	97	98.5
COFR	7.35	6.94	6.46	6.33	6.31	6.29	6.28	6.25	6.22	6.18
Min	6.32	6.33	6.34	5.91	5.28	4.58	3.82	2.97	2.05	1.06

表 7.2~表 7.4 的分析和表 7.5~表 7.8 的数据表明，COFR 得到的激活规则的面积大于取小和乘积模糊推理得到的面积，这表明前者比后者能够捕获到规则中更多的不确定性信息。原因是 COFR 不仅考虑所有前件集，而且综合考虑了前件集对后件集的相关性信息。

注 关于降型和清晰化。由上述的模糊推理模块可知，推理引擎的输出集完全反映了 COFR 与其他模糊推理的区别。而输出模块处理的是推理引擎的输出集，生成降型集和清晰数。然而，采用不同的降型方法，可得到不同的降型集和清晰数，因此降型集和清晰数不能反映 COFR 与其他模糊推理过程的差异。此处略去降型和清晰化部分，关于降型和清晰化的一些具体方法详见文献 [157]。

7.7.2 实例 2：基于 COFR-FRD 推理的演示实例

本节以一个抽象的例子来演示 COFR-FRD 的实现过程。先进行以下设定。

(1) x_1 和 x_2 为主变量。

(2) 区间型 Type-2 模糊逻辑系统中的第 l 条规则为 R^l：如果 x_1 是 $\tilde{F}_1^l$ 且 x_2 是 $\tilde{F}_2^l$，那么 y 是 $\tilde{G}^l$，其中 $\tilde{F}_1^l$、$\tilde{F}_2^l$ 和 $\tilde{G}^l$ 的 FOU 如图 7.2 所示。

(3) $\tilde{F}_1^l$ 对 $\tilde{G}^l$ 和 $\tilde{F}_2^l$ 对 $\tilde{G}^l$ 的模糊相关度分别是 r_1 和 r_2，其隶属度函数如式 (7.56) 所示。

(4) $\tilde{F}_1^l$ 和 $\tilde{F}_2^l$ 的以 $\tilde{G}^l$ 为参考集的相关区间型模糊集分别为 $\tilde{F}_{1\tilde{G}^l}^l$ 和 $\tilde{F}_{2\tilde{G}^l}^l$。由定义 7.2 和定义 7.4，并采用质心降型方法 [157]，可得 $\tilde{F}_{1\tilde{G}^l}^l$ 和 $\tilde{F}_{2\tilde{G}^l}^l$ 的隶属度函数，其表达式如式 (7.57) 所示。

(5) 在某个特定时刻测得的输入值为 60 和 5, 即 $x'_1 = 60$、$x'_2 = 5$, 对应的主隶属度分别为 $[0.3, 0.5]$ 和 $[0.1, 0.3]$, 即 $J(60) = [0.3, 0.5]$, $J(5) = [0.1, 0.3]$。

$$\mu_{r_1}(x) = \begin{cases} \dfrac{5}{4}x, & 0 \leqslant x < 0.8 \\ -5x + 5, & 0.8 \leqslant x \leqslant 1 \end{cases}$$

$$\mu_{r_2}(x) = \begin{cases} \dfrac{10}{3}x, & 0 \leqslant x < 0.3 \\ -\dfrac{10}{7}x + \dfrac{10}{7}, & 0.3 \leqslant x \leqslant 1 \end{cases} \tag{7.56}$$

$$\underline{\mu}_{\tilde{F}_1^l \tilde{G}^l}(x) = \dfrac{2}{125}(x - 50), \quad 50 \leqslant x \leqslant 100$$

$$\bar{\mu}_{\tilde{F}_1^l \tilde{G}^l}(x) = \begin{cases} \dfrac{4}{125}(x - 50), & 50 \leqslant x < 75 \\ 0.8, & 75 < x \leqslant 100 \end{cases}$$

$$\underline{\mu}_{\tilde{F}_2^l \tilde{G}^l}(x) = \begin{cases} \dfrac{3}{500}x, & 0 \leqslant x < 50 \\ -\dfrac{3}{400}(x - 50), & 50 < x \leqslant 90 \\ 0, & 90 < x \leqslant 100 \end{cases} \tag{7.57}$$

$$\bar{\mu}_{\tilde{F}_2^l \tilde{G}^l}(x) = \begin{cases} \dfrac{3}{215}x, & 0 \leqslant x < \dfrac{43}{2} \\ 0.3, & \dfrac{43}{2} < x \leqslant 70 \\ -\dfrac{3}{200}(x - 90), & 70 < x \leqslant 90 \end{cases}$$

式中, $\underline{\mu}_{\tilde{F}_1^l \tilde{G}^l}(x)$ 和 $\bar{\mu}_{\tilde{F}_1^l \tilde{G}^l}(x)$、$\underline{\mu}_{\tilde{F}_2^l \tilde{G}^l}(x)$ 和 $\bar{\mu}_{\tilde{F}_2^l \tilde{G}^l}(x)$ 分别是 $\tilde{F}_{1\tilde{G}^l}^l$ 和 $\tilde{F}_{2\tilde{G}^l}^l$ 的 LMF 和 UMF。

由式 (7.57), 可以得到 $J_{\tilde{F}_1^l \tilde{G}^l}(60) = [0.16, 0.32]$, $J_{\tilde{F}_2^l \tilde{G}^l}(5) = [0.03, 0.07]$。

与 7.7.1 节实例 1 类似, 将 COFR 与取小和乘积模糊推理进行比较。由定义 7.6 可得激活区间和规则输出, 如表 7.9 所示, 表中图的程序详见附录。

由表 7.9 可知, 由 COFR-FRD 得到的激活规则的面积也大于取小和乘积模糊推理得到的面积 (右图、左图的阴影部分面积分别为 7.41 和 7.35)。

表 7.9　COFR 与取小和乘积模糊推理的比较

模糊推理	取小推理	乘积推理	COFR-FRD
激活区间	[0.1,0.3]	[0.03,0.15]	[0.19,0.39]
规则输出	[0.1,0.3]$\star\tilde{L}$	[0.03,0.15]$\star\tilde{L}$	[0.19,0.39]$\star\tilde{L}$

7.8　本章小结

本书第 5 章提出了用于 Type-1、区间型 Type-2 和一般 Type-2 模糊逻辑系统的具有清晰相关度的面向后件集的推理方法。第 6 章对这种方法进行扩展，提出了具有模糊相关度的面向后件集的推理方法，并将这种推理方法应用到上述三种模糊逻辑系统中。这两种推理方法的本质是在模糊集相互关联的环境下进行模糊推理。

本章进一步对上述两种推理方法的共同点进行理论抽象，提出了相关型模糊集的概念。为了在相关的环境下研究三种模糊逻辑系统，分别提出了相关型 Type-1、相关型区间 Type-2 和相关型一般 Type-2 模糊集的概念，并讨论了它们的表示方法、基本运算以及一些特殊性质。实际上，有关 Type-2 模糊集的许多概念，如质心、降型、相似性和不确定性等，都可以在这种相关的环境下进行研究。

第 8 章 总结与展望

8.1 总 结

模糊系统与控制理论从诞生开始就一直在充满争议的历程中向前发展，理论基础需要进一步完善，实际应用也有待进一步深入研究。本书针对目前广泛应用于工程领域的模糊推理方法的内在缺陷，即规则输出集往往只由其中一个前件集决定而忽略了其他前件集对推理结果的影响，或者虽然推理过程考虑了所有前件集，但推理结果并不是由每个前件集按照其对后件集的影响程度共同决定，提出了适用于 Type-1 模糊逻辑系统、区间型 Type-2 模糊逻辑系统和一般型 Type-2 模糊逻辑系统的面向后件集的模糊推理机制，并对这三种推理机制的共同点进行理论抽象，提出了相关型模糊集的概念。

本书内容的创新工作在于，在一个模糊集相互关联的环境下，研究模糊逻辑系统与模糊推理。将模糊规则中前件集与后件集的相关性信息 (在某些问题中也可叙述为 "影响度" 或者 "相关度" 等) 引入模糊推理过程，这种模糊推理可以捕获到规则中更多的模糊信息，推理结果更加合理，同时也为模糊逻辑系统的设计提供了更大的自由度。

(1) 分析了模糊逻辑系统的不确定性不仅存在于规则的前件集和后件集，模糊连接词也包含了规则的一些模糊信息。目前大多数模糊推理方法均没有利用规则中前件集与后件集的相关性信息，这会导致在某些应用中产生不合理的结果或者令人无法做出决策的现象。本书提出了模糊集 O-O 变换的概念，变换后的模糊集包含了参考对象的相关度信息。为了将前件集与后件集的相关性信息引入模糊推理过程，让规则的每个前件集的 O-O 变换集代替前件集参与模糊推理，提出了适用于 Type-1、区间型 Type-2 和一般型 Type-2 模糊逻辑系统的面向后件集的模糊推理机制。

(2) 分别研究了模糊集之间的相关性信息是清晰数和模糊数的两种情形。当两个模糊集的相关度可以用一个清晰数来表达时，对于模糊逻辑系统来说，即模糊规则中前件集与后件集的相关性信息可以用一个实数来描述，本书提出的具有清晰相关度的面向后件集的模糊推理方法可将这种清晰相关度引入模糊推理过程；当模糊集间的相关性信息很难用一个清晰数来表达时，上述具有清晰相关度的面向后件集的模糊推理机制无法将这种不明确的相关信息引入模糊推理过程。在对模糊集 O-O 变换的概念以及具有清晰相关度的面向后件集的模糊推理机制进行扩展的基础上，提出了具有模糊相关度的面向后件集的模糊推理机制。该方法能够将 Type-1、区间型 Type-2 和一般型 Type-2 模糊逻辑系统中前件集与后件集的模糊相关度引入模糊推理过程。

(3) 事物之间相关度的概念在人类思维中起着重要作用，基于上述提出的面向后件集的模糊推理机制的思想，提出了相关型模糊集的概念，使人们能在模糊集彼此相关的环境下研究模糊集与模糊逻辑系统。为了将相关型模糊集的概念引入 Type-1、区间型 Type-2 和一般型 Type-2 模糊逻辑系统，分别定义了相关型 Type-1、相关型区间 Type-2 和相关型一般 Type-2 模糊集的概念。另外，在相关型模糊集的环境下，讨论了模糊集的一些基本概念成立的条件，如包含关系、并集、交集和补集等。同时，对于相关型模糊集的一些特殊性质以及在三种模糊逻辑系统中的应用进行了初步探索。

8.2　展　　望

本书针对取小模糊推理和乘积模糊推理的内在缺陷，以及其他理论形式的模糊连接词所存在的不足，提出了面向后件集的模糊推理机制和相关型模糊集的概念，这不仅具有理论价值，在实际应用方面也有一定的借鉴意义。其中，面向后件集模糊推理方法的相关结论表明，模糊集与模糊逻辑系统可以在模糊集相互关联的环境下进行分析与综合研究。对此感兴趣的读者，可以在以下方面进行探索与研究。

(1) 在模糊集相互关联的环境下，进一步研究 Type-2 模糊集及其相关概念，如质心、降型、相似度与不确定性测度 (similarities and uncertainty measures) 等，进而提出模糊集相互关联的系列概念，并在模糊逻辑系统中加以运用。

(2) Type-2 模糊集给出了 Type-1 模糊集的分散性的测量方法，从而获得了更多的语言不确定性信息，但一般型 Type-2 模糊集的次隶属度函数不易给出。正如概率论中的概率密度函数包含了随机变量的所有随机性信息，在实际应用中，随机变量的概率密度函数是未知的，需要估计出随机变量所有阶的矩来逼近随机变量的概率密度函数。实际中，经常利用一阶矩和二阶矩即期望和方差进行近似。随机变量的期望相当于一个平衡点,方差提供了刻画随机变量取值分散性的手段。由此猜想,能否将概率论中的有关方差与期望之间的关系移植到 Type-2 模糊集与 Type-1 模糊集上,或者借鉴概率论的思想方法去分析 Type-2 模糊集与 Type-1 模糊集之间的关系,并将它们在模糊集相互关联的环境下进一步完善。

(3) 在模糊集相互关联的环境下,研究具体的模糊逻辑系统,包括 Type-1 和 Type-2 两种类型,如常见的纯模糊逻辑系统、Takagi-Sugeno 模糊逻辑系统和具有模糊产生器及模糊消除器的模糊逻辑系统。对于纯模糊逻辑系统,可在模糊集相互关联的条件下研究其核心组件,即模糊逻辑推理引擎;对于 Takagi-Sugeno 模糊逻辑系统,可在该环境下研究模糊化和模糊推理;对于具有模糊产生器及模糊消除器的模糊逻辑系统,可研究其各个组件,如模糊化、模糊逻辑推理和清晰化等。

参 考 文 献

[1]   Oscar C, Patricia M. Recent Advances in Interval Type-2 Fuzzy Systems[M]. Berlin: Springer, 2012.

[2]   Adrian A H. Intelligent Systems for Engineers and Scientists[M]. 3rd ed. Boca Raton: CRC Press, 2016.

[3]   徐蔚鸿, 赵海涛, 叶有培, 等. 一种鲁棒性较强的新神经元模型及其在模糊推理中的应用[J]. 计算机应用, 2002, 22(10): 38-40.

[4]   Kasabov N K, Song Q. DENFIS: Dynamic evolving neural-fuzzy inference system and its application for time-series prediction[J]. IEEE Transactions on Fuzzy Systems, 2002, 10(2): 144-154.

[5]   Zadeh L A. Outline of new approach to the analysis of complex systems and decision processes[J]. IEEE Transactions on Systems, Man and Cybernetics, 1973, 3(1): 28-44.

[6]   Mamdani E H. Application of fuzzy logic to approximate reasoning using linguistic synthesis[J]. IEEE Transactions on Computers, 1977, 100(12): 1182-1191.

[7]   Zadeh L A. The concept of a linguistic variable and its application to approximate reasoning-I[J]. Information Sciences, 1975, 8(3): 199-249.

[8]   Elkan C, Berenji H R, Chandrasekaran B, et al. The paradoxical success of fuzzy logic[J]. IEEE Expert, 1994, 9(4): 33-49.

[9]   徐宗本. 计算智能中的仿生学: 理论与算法[M]. 北京: 科学出版社, 2004.

[10] 王国俊. 模糊推理的全蕴涵三 I 算法[J]. 中国科学 E 辑: 技术科学, 1999, 29(1): 43-53.

[11] José A S, Carlos L M, Juan C, et al. A new fuzzy reasoning method based on the use of the Choquet integral[C]. Proceedings of the 8th Conference of the European Society for Fuzzy Logic and Technology, Milan, 2013: 691-699.

[12] 伍世虔, 徐军. 动态模糊神经网络——设计与应用[M]. 北京: 清华大学出版社, 2008.

[13] 王立新. 模糊系统与模糊控制教程[M]. 王迎军, 译. 北京: 清华大学出版社, 2003.

[14] Zheng Z, Shan J W, Wei L, et al. A feedback based CRI approach to fuzzy reasoning[J]. Applied Soft Computing, 2011, 11(1): 1241-1255.

[15] 陈永义, 陈图云. 特征展开近似推理方法[J]. 辽宁师范大学学报, 1984, 20(3): 1-8.

[16] Babak R, Fazel M H. Data-driven fuzzy modeling for Takagi–Sugeno–Kang fuzzy system[J]. Information Sciences, 2010, 180(2): 241-255.

[17] Tsakonas A, Gabrys B. Evolving Takagi-Sugeno-Kang fuzzy systems using multi-population grammar guided genetic programming[C]. Proceedings of International Conference on Evolutionary Computation Theory and Applications, Paris, 2011: 44-47.

[18] 程玉虎, 王雪松, 孙伟. 自适应 T-S 型模糊径向基函数网络[J]. 系统仿真学报, 2007, 19(19): 4440-4444.

[19] 伍方明, 赵晓哲, 郭锐. 模糊专家系统中量词的推理方法[J]. 计算机工程, 2009, 35(19): 198-199, 202.

[20] Saffet Y, Candan G. Application of fuzzy inference system and nonlinear regression models for predicting rock brittleness[J]. Expert Systems with Applications, 2010, 37(3): 2265-2272.

[21] Guillaume S. Designing fuzzy inference systems from data: An interpretability-oriented review[J]. IEEE Transactions on Fuzzy Systems, 2001, 9(3): 426-443.

[22] Ross T J. Fuzzy Logic with Engineering Applications[M]. New Jersey: John Wiley & Sons, 2009.

[23] 吴望名. 区间值模糊集和区间值模糊推理[J]. 模糊系统与数学, 1992, 6(2): 38-48.

[24] Liang Q, Mendel J M. Interval Type-2 fuzzy logic systems: Theory and design[J]. IEEE Transactions on Fuzzy Systems, 2000, 8(5): 535-550.

[25] Wang W Z, Liu X W, Qin Y. Interval-valued intuitionistic fuzzy aggregation operators[J]. Journal of Systems Engineering and Electronics, 2012, 23(4): 574-580.

[26] Karnik N N, Mendel J M. Introduction to Type-2 fuzzy logic systems[C]. IEEE World Congress on Computational Intelligence, Anchorage, 1998: 915-920.

[27] Hidalgo D, Melin P, Castillo O. An optimization method for designing Type-2 fuzzy inference systems based on the footprint of uncertainty using genetic algorithms[J]. Expert Systems with Applications, 2012, 39(4): 4590-4598.

[28] Mendel J M. Advances in Type-2 fuzzy sets and systems[J]. Information sciences, 2007, 177(1): 84-110.

[29] Yeh K, Chen C W, Lo D C, et al. Neural-network fuzzy control for chaotic tuned mass damper systems with time delays[J]. Journal of Vibration and Control, 2012, 18(6): 785-795.

[30] Yu H K, Huarng K H. A neural network-based fuzzy time series model to improve forecasting[J]. Expert Systems with Applications, 2010, 37(4): 3366-3372.

[31] Tay K M, Lim C P. An evolutionary-based similarity reasoning scheme for monotonic multi-input fuzzy inference systems[C]. IEEE International Conference on Fuzzy Systems, Taipei, 2011: 442-447.

[32] Russell B. Vagueness[J]. The Australasian Journal of Psychology and Philosophy, 1923, 1(2): 84-92.

[33] 宋士吉, 吴澄. 模糊推理的反向三 I 算法[J]. 中国科学 E 辑: 技术科学, 2002, 32(2): 230-246.

[34] 宋士吉, 吴澄. 模糊推理的反向三 I 约束算法[J]. 自然科学进展, 2002, 12(1): 95-100.

[35] 俞峰, 杨成梧. 直觉区间值模糊推理的三 I 算法[J]. 自动化技术与应用, 2008, 27(2): 5-7, 12.

[36] 付利华, 何华灿. 模糊推理中相异因子的研究[J]. 计算机科学, 2004, 31(2): 98-100, 16.

[37] Baldwin J F. A new approach to approximate reasoning using a fuzzy logic[J]. Fuzzy sets and systems, 1979, 2(4): 309-325.

[38] Turksen I B, Zhong Z. An approximate analogical reasoning approach based on similarity measures[J]. IEEE Transactions on Systems, Man and Cybernetics, 1988, 18(6): 1049-1056.

[39] Turksen I B, Zhong Z. An approximate analogical reasoning schema based on similarity measures and interval-valued fuzzy sets[J]. Fuzzy sets and systems, 1990, 34(3): 323-346.

[40] Rahmat W, Nurtami S, Norihiro K, et al. Various defuzzification methods on DNA similarity matching using fuzzy inference system[J]. Journal of Advanced Computational Intelligence and Intelligent Informatics, 2010, 14(3): 247-255.

[41] Sessa S, Tagliaferri R, Longo G, et al. Fuzzy similarities in stars/galaxies classification[C]. Proceedings of IEEE International Conference on Systems, Man and Cybernetics, Washington D C, 2003: 494-496.

[42] Martino D F, Loia V, Sessa S. A method in the compression/decompression of images using fuzzy equations and fuzzy similarities[C]. Proceedings of Conference IFSA, Istanbul, 2003: 2-6.

[43] Kai M T, Tze L J, Chee P L. A non-linear programming-based similarity reasoning scheme for modelling of monotonicity-preserving multi-input fuzzy inference systems[J]. Journal of Intelligent and Fuzzy Systems, 2012, 23(2): 71-92.

[44] Looney C G. Fuzzy Petri nets for rule-based decisionmaking[J]. IEEE Transactions on Systems, Man and Cybernetics, 1988, 18(1): 178-183.

[45] Chen S M, Ke J S, Chang J F. Knowledge representation using fuzzy Petri nets[J]. IEEE Transactions on Knowledge and Data Engineering, 1990, 2(3): 311-319.

[46] Liu H C, Lin Q L, Ren M L. Fault diagnosis and cause analysis using fuzzy evidential reasoning approach and dynamic adaptive fuzzy Petri nets[J]. Computers & Industrial Engineering, 2013, 42(3): 108-114.

[47] Chen W L, Kan C D, Lin C H, et al. A rule-based decision-making diagnosis system to evaluate arteriovenous shunt stenosis for hemodialysis treatment of patients using fuzzy Petri nets[J]. IEEE Journal of Biomedical and Health Informatics, 2013, 99: 1-7.

[48] Zhou F, Jiao R J, Xu Q, et al. User experience modeling and simulation for product ecosystem design based on fuzzy reasoning Petri nets[J]. IEEE Transactions on Systems, Man and Cybernetics, Part A: Systems and Humans, 2012, 42(1): 201-212.

[49] Cheng Y H, Yang L A. A fuzzy Petri nets approach for railway traffic control in case of abnormality: Evidence from Taiwan railway system[J]. Expert Systems with Applications, 2009, 36(4): 8040-8048.

[50] Gao M, Zhou M C, Huang X, et al. Fuzzy reasoning Petri nets[J]. IEEE Transactions on Systems, Man and Cybernetics, Part A: Systems and Humans, 2003, 33(3): 314-324.

[51] Guan J W, Bell D A. Approximate reasoning and evidence theory[J]. Information Sciences, 1997, 96(3): 207-235.

[52] Ciftcibasi T, Altunay D. Two-sided (intuitionistic) fuzzy reasoning[J]. IEEE Transactions on Systems, Man and Cybernetics, Part A: Systems and Humans, 1998, 28(5): 662-677.

[53] 雷英杰, 王宝树, 路艳丽. 基于直觉模糊逻辑的近似推理方法[J]. 控制与决策, 2006, 21(3): 305-310.

[54] 郑慕聪, 史忠科, 刘艳. 剩余型直觉模糊差算子的统一形式[J]. 陕西师范大学学报 (自然科学版), 2013, 27(4): 11-15.

[55] Krishnan M M R, Acharya U R, Chua C K, et al. Application of intuitionistic fuzzy histon segmentation for the automated detection of optic disc in digital fundus images[C]. IEEE-EMBS International Conference on Biomedical and Health Informatics, Hong Kong, 2012: 444-447.

[56] Zhang X, Liu P D. Method for aggregating triangular fuzzy intuitionistic fuzzy information and its application to decision making[J]. Technological and Economic Development of Economy, 2010, 16(2): 280-290.

[57] Seki H, Ishii H, Mizumoto M. On the generalization of single input rule modules connected type fuzzy reasoning method[J]. IEEE Transactions on Fuzzy Systems, 2008, 16(5): 1180-1187.

[58] Cholman H, Li J, Gwak S. Research of a new recursive fuzzy reasoning method by move rate of membership function and it's application[C]. Proceedings of the International Conference on Intelligent Control and Information Processing, Dalian, 2010: 286-289.

[59] Hamed R I, Ahson S I, Parveen R. Fuzzy reasoning boolean Petri nets based method for

modeling and analysing genetic regulatory networks[J]. Communications in Computer and Information Science, 2010, 94: 530-546.

[60] José A S, Carlos L M, Juan C, et al. A new fuzzy reasoning method based on the use of the Choquet integral[C]. Proceedings of the 8th Conference of the European Society for Fuzzy Logic and Technology, Milan, 2013: 691-699.

[61] Giulianella C, Davide P, Barbara V. Probabilistic fuzzy reasoning in a coherent setting[C]. Proceedings of the 8th Conference of the European Society for Fuzzy Logic and Technology, Milan, 2013: 440-447.

[62] Scherer R. Neuro-fuzzy systems with relation matrix[C]. 10th International Conference on Artificial Intelligence and Soft Computing, Zakopane, 2010: 210-215.

[63] Goguen J A, Burstall R M. Some fundamental algebraic tools for the semantics of computation Part 1: Comma categories, colimits, signatures and theories[J]. Theoretical Computer Science, 1984, 31(1): 175-209.

[64] Goguen J A, Burstall R M. Some fundamental algebraic tools for the semantics of computation Part 2: Signed and abstract theories[J]. Theoretical Computer Science, 1984, 31(3): 263-295.

[65] Turksen I B. Interval-valued fuzzy sets and 'compensatory AND'[J]. Fuzzy Sets and Systems, 1992, 51(3): 295-307.

[66] Turksen I B. Interval valued fuzzy sets based on normal forms[J]. Fuzzy Sets and Systems, 1986, 20(2): 191-210.

[67] Hajek P. Basic fuzzy logic and BL-algebras[J]. Soft Computing, 1998, 2(3): 124-128.

[68] Pavelka J. On fuzzy logic I many-valued rules of inference[J]. Mathematical Logic Quarterly, 1979, 25(3): 45-52.

[69] Esteva F, Godo L. Monoidal t-norm based logic: Towards a logic for left-continuous t-norms[J]. Fuzzy Sets and Systems, 2001, 124(3): 271-288.

[70] Esteva F, Godo L, Noguera C. On rational weak nilpotent minimum logics[J]. Journal of Multiple-Valued Logic and Soft Computing, 2006, 43(7): 1699-1710.

[71] Noguera C, Esteva F, Gispert J. On triangular norm based axiomatic extensions of the weak nilpotent minimum logic[J]. Mathematical Logic Quarterly, 2008, 54(4): 387-409.

[72] Dai S S, Pei D W, Wang S M. Perturbation of fuzzy sets and fuzzy reasoning based on normalized Minkowski distances[J]. Fuzzy Sets and Systems, 2012, 189(1): 63-73.

[73] 肖奚安, 朱梧槚. 中介逻辑的命题演算系统 (III)[J]. 数学研究及应用, 1985, 8(6): 473-479.

[74] 肖奚安, 朱梧槚. 中介逻辑的命题演算系统 (I)[J]. 自然杂志, 1985, 8(4): 315-316.

[75] 程天笑, 潘正华, 王岑. 基于中介逻辑的近似推理[J]. 计算机工程与应用, 2009, 45(21): 163-166.

[76] 潘正华. 中介命题逻辑的一种无穷值语义模型及其意义[J]. 计算机研究与发展, 2008, (S1): 158-164.

[77] 王国俊. 修正的 Kleene 系统中的 Σ-(α-重言式) 理论[J]. 中国科学 E 辑: 技术科学, 1998, 2: 146-152.

[78] 王国俊. 蕴涵格与 Stone 表现定理的推广[J]. 科学通报, 1998, 43(11): 1033-1036.

[79] 刘刚, 徐衍亮, 赵建辉, 等. 双枝模糊逻辑[J]. 计算机工程与应用, 2003, 30(1): 96-98.

[80] 王国俊. 模糊推理与模糊逻辑[J]. 系统工程学报, 1998, 13(2): 3-18.

[81] 张美, 马盈仓. Frank 三角范数的一类模糊逻辑系统的真度理论[J]. 计算机工程与应用, 2011, 47(2): 32-34+45.

[82] 张小红, 祝峰. Rough 逻辑系统 RSL 与模糊逻辑系统 Luk[J]. 电子科技大学学报, 2011, 40(2): 296-302.

[83] Dubois D, Prade H. Fuzzy sets in approximate reasoning, part 1: Inference with possibility distributions[J]. Fuzzy Sets and Systems, 1991, 40(1): 143-202.

[84] Kóczy L, Hirota K. Interpolative reasoning with insufficient evidence in sparse fuzzy rule bases[J]. Information Sciences, 1993, 71(1): 169-201.

[85] Kóczy L, Hirota K. Approximate reasoning by linear rule interpolation and general approximation[J]. International Journal of Approximate Reasoning, 1993, 9(3): 197-225.

[86] Huang K F, Liu Z G, Yang J, et al. Application of dual bilinear interpolation fuzzy algorithm in fan speed control[J]. Advances in Intelligent Systems and Computing, 2013, 212: 957-963.

[87] Naik N, Pan S, Shen Q. Integration of interpolation and inference[C]. 12th UK Workshop on Computational Intelligence, Edinburgh, 2012: 1-7.

[88] Yang L, Shen Q. Adaptive fuzzy interpolation[J]. IEEE Transactions on Fuzzy Systems, 2011, 19(6): 1107-1126.

[89] Chen S M, Chang Y C. Weighted fuzzy rule interpolation based on GA-based weight-learning techniques[J]. IEEE Transactions on Fuzzy Systems, 2011, 19(4): 729-744.

[90] Bai Y, Sun Z, Quan L, et al. A linear interpolation fuzzy controller with NN compensator for an electro-hydraulic servo system[C]. International Conference on Computational Aspects of Social Networks, Taiyuan, 2010: 565-568.

[91] Ramiro S B, Isabel S J, Manuel F S. Fuzzy reasoning in fractional-order PD controllers[C]. New Aspects of Applied Informatics, Biomedical Electronics and Communi-

cations, Taipei, 2010, 252-257.

[92] Zhang J C, Yang X Y. Some properties of fuzzy reasoning in propositional fuzzy logic systems[J]. Information Sciences, 2010, 180(23): 4661-4671.

[93] Chung H H, Takizawa T. A study of membership functions in fuzzy reasoning and its application to educational evaluation[C]. The 4th International Workshop on Soft Computing Applications, Arad, 2010: 203-206.

[94] Raina S, Upadhayaya S. Optimization of mobile agent using mixed metric approach of counter and response time in fuzzy logic[J]. International Journal of Advanced Research in Computer Science and Software Engineering, 2013, 3(6): 273-280.

[95] Hentout A, Messous M A, Oukid S, et al. Multi-agent fuzzy-based control architecture for autonomous mobile manipulators: Traditional approaches and multi-agent fuzzy-based approaches[J]. Intelligent Robotics and Applications, 2013: 679-692.

[96] Lee C S, Wang M H. A fuzzy expert system for diabetes decision support application[J]. IEEE Transactions Systems, Man and Cybernetics, Part B, 2011, 41(1): 139-153.

[97] Cao Y, Chen G. A fuzzy petri-nets model for computing with words[J]. IEEE Transactions on Fuzzy Systems, 2010, 18(3): 486-499.

[98] Wang D G, Song W Y, Shi P, et al. Approximation to a class of non-autonomous systems by dynamic fuzzy inference marginal linearization method[J]. Information Sciences, 2013, 245(0): 197-217.

[99] Li C, Anavatti S G, Ray T. Analytical hierarchy process using fuzzy inference technique for real-time route guidance system[J]. IEEE Transactions on Intelligent Transportation Systems, 2013, 99: 1-10.

[100] Xue J, Tang Z Y, Pei Z C, et al. Adaptive controller for 6-DOF parallel robot using T-S fuzzy inference[J]. International Journal of Advanced Robotic Systems, 2013, 10(119): 1-9.

[101] Shapiro S C. Set-oriented logical connectives: Syntax and semantics[C]. Proceedings of the 12th International Conference on the Principles of Knowledge Representation and Reasoning, Menlo Park, 2010: 593-596.

[102] Jefferson C, Moore N C, Nightingale P, et al. Implementing logical connectives in constraint programming[J]. Artificial Intelligence, 2010, 174(16): 1407-1429.

[103] Alsina C, Trillas E, Valverde L. On some logical connectives for fuzzy sets theory[J]. Journal of Mathematical Analysis and Applications, 1983, 93(1): 15-26.

[104] Menger K. Statistical metrics[C]. Proceedings of the National Academy of Sciences of the United States of America, Washington D C, 1942: 535-540.

[105] Schweizer B, Sklar A. Associative functions and abstract semi-groups[J]. Publications Mathematicae, 1963, 10: 69-81.

[106] Schweizer B, Sklar A. Associative functions and statistical triangle inequalities[J]. Publications Mathematicae, 1961, 8: 169-186.

[107] Schweizer B, Sklar A. Statistical metric spaces[J]. Pacific Journal of Mathematics, 1960, 10(19601): 313-335.

[108] Vicen K P. On some algebraic and topological properties of generated border-continuous triangular norms[J]. Fuzzy Sets and Systems, 2012, 224(1): 1-22.

[109] Qin F, Baczynski M, Xie A. Distributive equations of implications based on continuous triangular norms (I)[J]. IEEE Transactions on Fuzzy Systems, 2012, 20(1): 153-167.

[110] Fodor J, Rudas I J. An extension of the migrative property for triangular norms[J]. Fuzzy Sets and Systems, 2011, 168(1): 70-80.

[111] Deschrijver G. Triangular norms which are meet-morphisms in interval-valued fuzzy set theory[J]. Fuzzy Sets and Systems, 2011, 181(1): 88-101.

[112] Qin F, Yang L. Distributive equations of implications based on nilpotent triangular norms[J]. International Journal of Approximate Reasoning, 2010, 51(8): 984-992.

[113] Starczewski J T. Extended triangular norms[J]. Information Sciences, 2009, 179(6): 742-757.

[114] Alsina C, Schweizer B, frank M J. Associative functions: Triangular norms and copulas[M]. Singapore: World Scientific, 2006.

[115] Klement E P, Mesiar R, Pap E, et al. Triangular Norms[M]. Dordrecht: Kluwer Academic Publishers, 2000.

[116] Li Y M, Shi Z K. Weak uninorm aggregation operators[J]. Information Sciences, 2000, 124(1): 317-323.

[117] Liu H W. Two classes of pseudo-triangular norms and fuzzy implications[J]. Computers & Mathematics with Applications, 2011, 61(4): 783-789.

[118] Flondor P, Georgescu G, Iorgulescu A. Pseudo-t-norms and pseudo-BL algebras[J]. Soft Computing, 2001, 5(5): 355-371.

[119] Zadeh L A. Fuzzy sets[J]. Information and Control, 1965, 8(3): 338-353.

[120] Yager R R. On a general class of fuzzy connectives[J]. Fuzzy Sets and Systems, 1980, 4(3): 235-242.

[121] Dubois D P H. Fuzzy Sets and Systems: Theory and Applications[M]. New York: Academic Press, 1980.

[122] Turksen I B, Yao D D W. Representations of connectives in fuzzy reasoning: The view

through normal forms[J]. IEEE Transactions on Systems, Man and Cybernetics, 1984, 1: 146-151.

[123] Shannon C E. A symbolic analysis of relay and switching circuits[J]. Electrical Engineering, 1938, 57(12): 713-723.

[124] Turkşen I B. Type 2 representation and reasoning for CWW[J]. Fuzzy Sets and Systems, 2002, 127(1): 17-36.

[125] Le Capitaine H, Frélicot C. On (weighted) k-order fuzzy connectives[C]. IEEE International Conference on Fuzzy Systems, Barcelona, 2010: 1-8.

[126] Dombi J. A general class of fuzzy operators, the DeMorgan class of fuzzy operators and fuzziness measures induced by fuzzy operators[J]. Fuzzy Sets and Systems, 1982, 8(2): 149-163.

[127] Frank M J. On the simultaneous associativity of F(x, y) and x+y- F(x, y)[J]. Aequationes Mathematicae, 1979, 19(1): 194-226.

[128] Zimmermann H J, Zysno P. Latent connectives in human decision making[J]. Fuzzy Sets and Systems, 1980, 4(1): 37-51.

[129] 李爱涛, 唐艳娜, 刘金梅, 等. 探讨模糊算子在遥感图像特征提取中的应用[J]. 价值工程, 2012, 33(1): 209-210.

[130] 王华牢, 许崇帮, 褚方平. 新型模糊算子的公路隧道健康状态评价方法研究[J]. 地下空间与工程学报, 2012, 8(S1): 1389-1395.

[131] Hisdal E. The IF THEN ELSE statement and interval-valued fuzzy sets of higher type[J]. International Journal of Man-Machine Studies, 1981, 15(4): 385-455.

[132] John R. Type 2 fuzzy sets: An appraisal of theory and applications[J]. International Journal of Uncertainty, Fuzziness and Knowledge-Based Systems, 1998, 6(6): 563-576.

[133] Liang Q L, Mendel J M. MPEG VBR video traffic modeling and classification using fuzzy technique[J]. IEEE Transactions on Fuzzy Systems, 2001, 9(1): 183-193.

[134] Karnik N N, Mendel J M. Operations on Type-2 fuzzy sets[J]. Fuzzy Sets and Systems, 2001, 122(2): 327-348.

[135] Kuo C H, Kuo P L, Michael Y. Enhancement of fuzzy weighted average and application to military UAV selected under group decision making[C]. 6th International Conference on Fuzzy Systems and Knowledge Discovery, Tianjin, 2009: 191-195.

[136] Liu F L, Mendel J M. Aggregation using the fuzzy weighted average as computed by the Karnik-Mendel algorithms[J]. IEEE Transactions on Fuzzy Systems, 2008, 16(1): 1-12.

[137] Ping T C, Kuo C H, Kuo P L, et al. A comparison of discrete algorithms for fuzzy weighted average[J]. IEEE Transactions on Fuzzy Systems, 2006, 14(5): 663-675.

[138] Broek P V D, Noppen J. Fuzzy weighted average: Alternative approach[C]. Annual meeting of the North American Fuzzy Information Processing Society, Montreal, 2006: 126-130.

[139] Guh Y Y, Hon C C, Lee E S. Fuzzy weighted average: The linear programming approach via Charnes and Cooper's rule[J]. Fuzzy Sets and Systems, 2001, 117(1): 157-160.

[140] Ping T C, Jung H L, Kuo C H, et al. Applying fuzzy weighted average approach to evaluate office layouts with Feng-Shui consideration[J]. Mathematical and Computer Modelling, 2009, 50(9): 1514-1537.

[141] McNeill D, Freiberger P. Fuzzy Logic: The Discovery of a Revolutionary Computer Technology and How It Is Changing Our World[M]. New York: Simon & Schuster, 1993.

[142] Kruse R, Gebhardt J, Klawonn F. Foundations of Fuzzy Systems[M]. New Jersey: John Wiley & Sons, 1994.

[143] Klir G G, Yuan B. Fuzzy Sets and Fuzzy Logic: Theory and Applications[M]. Englewood Cliffs: Prentice Hall, 1995.

[144] Sugeno M. Industrial Applications of Fuzzy Control[M]. New York: North-Holland, 1985.

[145] Terano T, Asai K, Sugeon M. Applied Fuzzy Systems[M]. Cambridge: Academic Press, 1994.

[146] Chen S M, Li L W. Fuzzy decision-making based on likelihood-based comparison relations[J]. IEEE Transactions on Fuzzy Systems, 2010, 18(3): 613-628.

[147] Gale A G, Jajulwar K K, Deshmukh A Y. Design of mixed mode fuzzy logic controller for integrated MEMS system[C]. 4th International Conference on Emerging Trends in Engineering and Technology, Port Louis, 2011: 262-267.

[148] Arslan E, Yildiz S, Köklükaya E, et al. Classification of fibromyalgia syndrome by using fuzzy logic method[C]. Proceedings of the Biomedical Engineering Meeting, Antalya, 2010: 1-5.

[149] Dombi J. Towards a general class of operators for fuzzy systems[J]. IEEE Transactions on Fuzzy Systems, 2008, 16(2): 477-484.

[150] Pradera A, Trillas E, Calvo T. A general class of triangular norm-based aggregation operators: Quasi-linear T-S operators[J]. International Journal of Approximate Reasoning, 2002, 30(1): 57-72.

[151] Seki H, Mizumoto M. Additive fuzzy functional inference methods[C]. IEEE International Conference on Systems Man and Cybernetics, Istanbul, 2010: 4304-4309.

[152] Yubazaki N, Jianqiang Y, Hirota K. SIRMs dynamically connected fuzzy inference model and PID controller[C]. IEEE World Congress on Computational Intelligence, Anchorage, 1998: 325-330.

[153] Olatunji S O, Selamat A, Raheem A A A. Predicting correlations properties of crude oil systems using Type-2 fuzzy logic systems[J]. Expert Systems with Applications, 2011, 38(9): 10911-10922.

[154] Wang D Z, Chen Y. Study on permanent magnetic drive forecasting by designing Takagi Sugeno Kang type interval Type-2 fuzzy logic systems[J]. Transactions of the Institute of Measurement and Control, 2018, 40(6): 2011-2023.

[155] Sun D, Liao Q F, Ren H L. Type-2 fuzzy logic based time-delayed shared control in online-switching tele-operated and autonomous systems[J]. Robotics and Autonomous Systems, 2018, 101: 138-152.

[156] Kumar A, Kumar V. Performance analysis of optimal hybrid novel interval Type-2 fractional order fuzzy logic controllers for fractional order systems[J]. Expert Systems with Applications, 2018, 93: 435-455.

[157] Chen Y, Wang D Z. Study on centroid type-reduction of general Type-2 fuzzy logic systems with weighted enhanced Karnik-Mendel algorithms[J]. Soft Computing, 2018, 22(4): 1361-1380.

[158] Hassan S, Khanesar M A, Jaafar J, et al. Optimal parameters of an ELM-based interval type 2 fuzzy logic system: A hybrid learning algorithm[J]. Neural Computing & Applications, 2018, 29(4): 1001-1014.

附　　录

1. Type-1 模糊逻辑系统中 COFI、取小、乘积推理激活规则的 MATLAB 代码一

```
clear
clc

a1x=[10 25 40];
a1y=[0 1 0];
a2y=[0 0.4 0.4 0];
a2x=[10 10+15*0.4 40-15*0.4 40];
a3y=[0 0.28 0.28 0];
a3x=[10 10+15*0.28 40-15*0.28 40];
a4x=[10 10+15*0.48 40-15*0.48 40];
a4y=[0 0.48 0.48 0];
%以下是第一个图
subplot(2,2,1)
plot(a3x,a3y,'k','Color',[0.5 0.5 0.5],'LineWidth',2.5)
hold on
plot(a1x,a1y,'k',a2x,a2y,'k',a4x,a4y,'k--','LineWidth',2.5);
axis([0 50 0 1]);      %坐标轴的范围：axis([xmin xmax ymin ymax])
axis square
set(gca, 'XTick', [0 10 20 30 40 50]);
set(gca, 'YTick', [0.1 0.28 0.4 0.48 1]);
xlabel('a');

% 以下是第二个图
b1x=[10 25 40];
b1y=[0 1 0];
```

```matlab
b2x=[10 10+15*0.16 40-15*0.16 40];
b2y=[0 0.16 0.16 0];
b3x=[10 10+15*0.4 40-15*0.4 40];
b3y=[0 0.4 0.4 0];
b4x=[10 10+15*0.4 40-15*0.4 40];
b4y=[0 0.4 0.4 0];
subplot(2,2,2);
plot(b2x,b2y,'k','Color',[0.5 0.5 0.5],'LineWidth',2.5)
hold on
plot(b1x,b1y,'k',b3x,b3y,'k',b4x,b4y,'k--','LineWidth',2.5)
%点画线放在实线上面，否则实线的颜色会覆盖点画线的颜色
grid on;
axis([0 50 0 1]);     %坐标轴的范围: axis([xmin xmax ymin ymax])
axis square
axis normal;        %自动调整纵横轴比例，使当前坐标轴范围内的图形显示
                    达到最佳效果
set(gca, 'XTick', [0 10 20 30 40 50]);
set(gca, 'YTick', [0.16 0.4 1]);
xlabel('b');

%以下是第三个图
c1x=[10 25 40];
c1y=[0 1 0];
c2x=[10 10+15*0.04 40-15*0.04 40];
c2y=[0 0.04 0.04 0];
c3x=[10 11.5 38.5 40];
c3y=[0 0.1 0.1 0];
c4x=[10 10+15*0.32 40-15*0.32 40];
c4y=[0 0.32 0.32 0];
subplot(2,2,3);
plot(c2x,c2y,'k','Color',[0.5 0.5 0.5],'LineWidth',2.5)
```

```
hold on
plot(c3x,c3y,'k',c4x,c4y,'k--',c1x,c1y,'k','LineWidth',2.5)
%点画线放在实线上面, 否则实线的颜色会覆盖点画线的颜色
axis([0 50 0 1]); %坐标轴的范围: axis([xmin xmax ymin ymax])
axis square        %使坐标成为正方形
axis normal;        %自动调整纵横轴比例, 使当前坐标轴范围内的图形显示
                    达到最佳效果
set(gca, 'XTick', [0 10 20 30 40 50]);
set(gca, 'YTick', [0.04 0.1 0.32 1]);
xlabel('c');
legend('product','minimum','COFI')
%按plot画图的顺序标记, 即'wash time'对应于c1y,'COFI'对应于c2y
```

2. Type-1 模糊逻辑系统中 COFI、取小、乘积推理活动规则的 MATLAB 代码二

```
clear
clc

a1x=[10 25 40];
a1y=[0 1 0];
a2y=[0 0.7 0.7 0];
a2x=[10 10+15*0.7 40-15*0.7 40];
a3y=[0 0.63 0.63 0];
a3x=[10 10+15*0.63 40-15*0.63 40];
a4x=[10 10+15*0.836 40-15*0.836 40];
a4y=[0 0.836 0.836 0];
subplot(2,2,1)
plot(a4x,a4y,'k','Color',[0.5 0.5 0.5],'LineWidth',2.5)
hold on
plot(a1x,a1y,'k',a2x,a2y,'k--',a3x,a3y,'k','LineWidth',2.5);
axis([0 50 0 1]);    %坐标轴的范围: axis([xmin xmax ymin ymax])
axis square
```

```matlab
axis normal;          %自动调整纵横轴比例，使当前坐标轴范围内的图形显示
                      达到最佳效果
set(gca, 'XTick', [0 10 20 30 40 50]);
set(gca, 'YTick', [0.1 0.63 0.7 0.836 1]);
xlabel('a');

%以下是第二个图
b1x=[10 25 40];
b1y=[0 1 0];
b2x=[10 10+15*0.405 40-15*0.405 40];
b2y=[0 0.405 0.405 0];
b3x=[10 10+15*0.45 40-15*0.45 40];
b3y=[0 0.45 0.45 0];
b4x=[10 10+15*0.7269 40-15*0.7269 40];
b4y=[0 0.7269 0.7269 0];
subplot(2,2,2);
plot(b4x,b4y,'k','Color',[0.5 0.5 0.5],'LineWidth',2.5)
hold on
plot(b1x,b1y,'k',b3x,b3y,'k--',b2x,b2y,'k','LineWidth',2.5)
%点画线放在实线上面，否则实线的颜色会覆盖点画线的颜色
grid on;
axis([0 50 0 1]); %坐标轴的范围: axis([xmin xmax ymin ymax])
axis square
axis normal;          %自动调整纵横轴比例，使当前坐标轴范围内的图形显示
                      达到最佳效果
set(gca, 'XTick', [0 10 20 30 40 50]);
set(gca, 'YTick', [0.405 0.45 0.7269 1]);
xlabel('b');

%以下是第三个图
c1x=[10 25 40];
```

```
c1y=[0 1 0];
c2x=[10 10+15*0.09 40-15*0.09 40];
c2y=[0 0.09 0.09 0];
c3x=[10 11.5 38.5 40];
c3y=[0 0.1 0.1 0];
c4x=[10 10+15*0.6192 40-15*0.6192 40];
c4y=[0 0.6192 0.6192 0];
subplot(2,2,3);
plot(c4x,c4y,'k','Color',[0.5 0.5 0.5],'LineWidth',2.5)
hold on
plot(c1x,c1y,'k',c3x,c3y,'k--',c2x,c2y,'k','LineWidth',2.5)
%点画线放在实线上面, 否则实线的颜色会覆盖点画线的颜色
% grid on;
axis([0 50 0 1]); %坐标轴的范围: axis([xmin xmax ymin ymax])
axis square         %使坐标成为正方形
% axis normal;       %自动调整纵横轴比例, 使当前坐标轴范围内的图形显示
                     达到最佳效果
set(gca, 'XTick', [0 10 20 30 40 50]);
set(gca, 'YTick', [0.04 0.1 0.6192 1]);
xlabel('c');
legend('COFI','乘积推理','取小推理')
%按plot画图的顺序标记, 即'wash time'对应于c1y,'COFI'对应于c2y
```

3. 具有 CRD 的 COFI、取小、乘积推理激活规则的 MATLAB 代码

1)表5.12中图的程序

```
clear
clc

I=[0.2 0.4;0.23 0.47;0.2 0.5;0.2 0.53;0.1 0.3;0.17 0.45];
% ('请输入区间I: ')
%X_Shadow表示阴影部分从x轴逆时针方向对应的在x轴上的坐标
```

```
%Y_Shadow表示阴影部分从x轴逆时针方向对应的在y轴上的坐标
X_Shadow_a=[5 10 10+15*I(1,1) 40-15*I(1,1) 40 45 45-20*I(1,2)
            5+20*I(1,2) 5];
Y_Shadow_a=[0 0 I(1,1) I(1,1) 0 0 I(1,2) I(1,2) 0];
%Triangle_L表示左边的三角形从1开始逆时针方向对应的在x轴上的坐标
X_Triangle_L_a=[25 5+20*I(1,2) 10+15*I(1,2) 25];
%Triangle_R表示右边的三角形从1开始逆时针方向对应的在x轴上的坐标
X_Triangle_R_a=[25 40-15*I(1,2) 45-20*I(1,2) 25];
%Y_Triangle表示三角形从1开始逆时针方向对应的在y轴上的坐标
Y_Triangle_a=[1 I(1,2) I(1,2) 1];
subplot(1,2,1)
fill(X_Shadow_a,Y_Shadow_a,'m',X_Triangle_L_a,Y_Triangle_a,'g',
    X_Triangle_R_a,Y_Triangle_a,'g')
axis([0 50 0 1]);
set(gca,'YTick',[0.2 0.4 0.6 0.8 1]);
set(gca,'XTick',[0 20 40 50]);
title('minimum fuzzy inference')
%X_Shadow表示阴影部分从x轴逆时针方向对应的在x轴上的坐标
%Y_Shadow表示阴影部分从x轴逆时针方向对应的在y轴上的坐标
X_Shadow_b=[5 10 10+15*I(2,1) 40-15*I(2,1) 40 45 45-20*I(2,2)
            5+20*I(2,2) 5];
Y_Shadow_b=[0 0 I(2,1) I(2,1) 0 0 I(2,2) I(2,2) 0];
%fill(X_Shadow,Y_Shadow,'c')
%Triangle_L表示左边的三角形从1开始逆时针方向对应的在x轴上的坐标
X_Triangle_L_b=[25 5+20*I(2,2) 10+15*I(2,2) 25];
%Triangle_R表示右边的三角形从1开始逆时针方向对应的在x轴上的坐标
X_Triangle_R_b=[25 40-15*I(2,2) 45-20*I(2,2) 25];
%Y_Triangle表示三角形从1开始逆时针方向对应的在y轴上的坐标
Y_Triangle_b=[1 I(2,2) I(2,2) 1];
subplot(1,2,2)
fill(X_Shadow_b,Y_Shadow_b,'m',X_Triangle_L_b,Y_Triangle_b,'g',
```

```
          X_Triangle_R_b,Y_Triangle_b,'g')
axis([0 50 0 1]);
set(gca,'YTick',[0.23 0.47 0.8 1]);
set(gca,'XTick',[0 20 40 50]);
title('COFI with CRD')


2)表5.13中图的程序
I=[0.2 0.4;0.23 0.47;0.2 0.5;0.2 0.53;0.1 0.3;0.17 0.45];
%  ('请输入区间I: ')
X_Shadow_c=[5 10 10+15*I(3,1) 40-15*I(3,1) 40 45 45-20*I(3,2)
          5+20*I(3,2) 5];
Y_Shadow_c=[0 0 I(3,1) I(3,1) 0 0 I(3,2) I(3,2) 0];
%Triangle_L表示左边的三角形从1开始逆时针方向对应的在x轴上的坐标
X_Triangle_L_c=[25 5+20*I(3,2) 10+15*I(3,2) 25];
%Triangle_R表示右边的三角形从1开始逆时针方向对应的在x轴上的坐标
X_Triangle_R_c=[25 40-15*I(3,2) 45-20*I(3,2) 25];
%Y_Triangle表示三角形从1开始逆时针方向对应的在y轴上的坐标
Y_Triangle_c=[1 I(3,2) I(3,2) 1];
subplot(1,2,1)
fill(X_Shadow_c,Y_Shadow_c,'m',X_Triangle_L_c,Y_Triangle_c,'g',
    X_Triangle_R_c,Y_Triangle_c,'g')
axis([0 50 0 1]);
set(gca,'YTick',[0.2 0.5 0.8 1]);
set(gca,'XTick',[0 20 40 50]);
title('minimum fuzzy inference')
%xlabel('c')
grid on
X_Shadow_d=[5 10 10+15*I(4,1) 40-15*I(4,1) 40 45 45-20*I(4,2)
          5+20*I(4,2) 5];
Y_Shadow_d=[0 0 I(4,1) I(4,1) 0 0 I(4,2) I(4,2) 0];
%Triangle_L表示左边的三角形从1开始逆时针方向对应的在x轴上的坐标
```

```
X_Triangle_L_d=[25 5+20*I(4,2) 10+15*I(4,2) 25];
%Triangle_R表示右边的三角形从1开始逆时针方向对应的在x轴上的坐标
X_Triangle_R_d=[25 40-15*I(4,2) 45-20*I(4,2) 25];
%Y_Triangle表示三角形从1开始逆时针方向对应的在y轴上的坐标
Y_Triangle_d=[1 I(4,2) I(4,2) 1];
subplot(1,2,2)
fill(X_Shadow_d,Y_Shadow_d,'m',X_Triangle_L_d,Y_Triangle_d,'g',
     X_Triangle_R_d,Y_Triangle_d,'g')
axis([0 50 0 1]);
set(gca,'YTick',[0.2 0.53 0.8 1]);
set(gca,'XTick',[0 20 40 50]);
title('COFI with CRD')
grid on


3)表5.14中图的程序
I=[0.2 0.4;0.23 0.47;0.2 0.5;0.2 0.53;0.1 0.3;0.17 0.45];
% ('请输入区间I: ')
X_Shadow_e=[5 10 10+15*I(5,1) 40-15*I(5,1) 40 45 45-20*I(5,2)
            5+20*I(5,2) 5];
Y_Shadow_e=[0 0 I(5,1) I(5,1) 0 0 I(5,2) I(5,2) 0];
%Triangle_L表示左边的三角形从1开始逆时针方向对应的在x轴上的坐标
X_Triangle_L_e=[25 5+20*I(5,2) 10+15*I(5,2) 25];
%Triangle_R表示右边的三角形从1开始逆时针方向对应的在x轴上的坐标
X_Triangle_R_e=[25 40-15*I(5,2) 45-20*I(5,2) 25];
%Y_Triangle表示三角形从1开始逆时针方向对应的在y轴上的坐标
Y_Triangle_e=[1 I(5,2) I(5,2) 1];
subplot(1,2,1)
fill(X_Shadow_e,Y_Shadow_e,'m',X_Triangle_L_e,Y_Triangle_e,'g',
     X_Triangle_R_e,Y_Triangle_e,'g')
axis([0 50 0 1]);
set(gca,'YTick',[0.1 0.3 0.6 0.8 1]);
```

```
set(gca,'XTick',[0 20 40 50]);
title('minimum fuzzy inference')
grid on
X_Shadow_f=[5 10 10+15*I(6,1) 40-15*I(6,1) 40 45 45-20*I(6,2)
        5+20*I(6,2) 5];
Y_Shadow_f=[0 0 I(6,1) I(6,1) 0 0 I(6,2) I(6,2) 0];
%Triangle_L表示左边的三角形从1开始逆时针方向对应的在x轴上的坐标
X_Triangle_L_f=[25 5+20*I(6,2) 10+15*I(6,2) 25];
%Triangle_R表示右边的三角形从1开始逆时针方向对应的在x轴上的坐标
X_Triangle_R_f=[25 40-15*I(6,2) 45-20*I(6,2) 25];
%Y_Triangle表示三角形从1开始逆时针方向对应的在y轴上的坐标
Y_Triangle_f=[1 I(6,2) I(6,2) 1];
subplot(1,2,2)
fill(X_Shadow_f,Y_Shadow_f,'m',X_Triangle_L_f,Y_Triangle_f,'g',
    X_Triangle_R_f,Y_Triangle_f,'g')
axis([0 50 0 1]);
set(gca,'YTick',[0.17 0.45 0.8 1]);
set(gca,'XTick',[0 20 40 50]);
title('COFI with CRD')
grid on
```

4. 具有 CRD 的 COFI、取小、乘积推理激活规则的 MATLAB 代码

1)表7.2中图的程序

```
clear
clc


I=[0.1 0.3;0.15 0.35;0.2 0.5;0.23 0.57;0.3 0.5;0.37 0.65];
% ('请输入区间I: ')
%X_Shadow表示阴影部分从x轴逆时针方向对应的在x轴上的坐标
%Y_Shadow表示阴影部分从x轴逆时针方向对应的在y轴上的坐标
X_Shadow_a=[20 25 25+15*I(1,1) 55-15*I(1,1) 55 60 60-20*I(1,2)
```

```
           20+20*I(1,2) 20];
Y_Shadow_a=[0 0 I(1,1) I(1,1) 0 0 I(1,2) I(1,2) 0];
%Triangle_L表示左边的三角形从1开始逆时针方向对应的在x轴上的坐标
X_Triangle_L_a=[40 20+20*I(1,2) 25+15*I(1,2) 40];
%Triangle_R表示右边的三角形从1开始逆时针方向对应的在x轴上的坐标
X_Triangle_R_a=[40 55-15*I(1,2) 60-20*I(1,2) 40];
%Y_Triangle表示三角形从1开始逆时针方向对应的在y轴上的坐标
Y_Triangle_a=[1 I(1,2) I(1,2) 1];
subplot(1,2,1)
fill(X_Shadow_a,Y_Shadow_a,'m',X_Triangle_L_a,Y_Triangle_a,'g',
     X_Triangle_R_a,Y_Triangle_a,'g')
axis([0 65 0 1]);
set(gca,'YTick',[0.1 0.3 0.6 0.8 1]);
set(gca,'XTick',[0 20 40 60]);
title('取小模糊推理')
grid on
%X_Shadow表示阴影部分从x轴逆时针方向对应的在x轴上的坐标
%Y_Shadow表示阴影部分从x轴逆时针方向对应的在y轴上的坐标
X_Shadow_b=[20 25 25+15*I(2,1) 55-15*I(2,1) 55 60 60-20*I(2,2)
            20+20*I(2,2) 20];
Y_Shadow_b=[0 0 I(2,1) I(2,1) 0 0 I(2,2) I(2,2) 0];
%fill(X_Shadow,Y_Shadow,'c')
%Triangle_L表示左边的三角形从1开始逆时针方向对应的在x轴上的坐标
X_Triangle_L_b=[40 20+20*I(2,2) 25+15*I(2,2) 40];
%Triangle_R表示右边的三角形从1开始逆时针方向对应的在x轴上的坐标
X_Triangle_R_b=[40 55-15*I(2,2) 60-20*I(2,2) 40];
%Y_Triangle表示三角形从1开始逆时针方向对应的在y轴上的坐标
Y_Triangle_b=[1 I(2,2) I(2,2) 1];
subplot(1,2,2)
fill(X_Shadow_b,Y_Shadow_b,'m',X_Triangle_L_b,Y_Triangle_b,'g',
```

```
        X_Triangle_R_b,Y_Triangle_b,'g')
axis([0 65 0 1]);
set(gca,'YTick',[0.15 0.35 0.8 1]);
set(gca,'XTick',[0 20 40 60]);
title('COFR-CRD')
grid on
```

2) 表7.3中图的程序

```
I=[0.1 0.3;0.15 0.35;0.2 0.5;0.23 0.57;0.3 0.5;0.37 0.65];
% ('请输入区间I: ')
X_Shadow_c=[20 25 25+15*I(3,1) 55-15*I(3,1) 55 60 60-20*I(3,2)
            20+20*I(3,2) 20];
Y_Shadow_c=[0 0 I(3,1) I(3,1) 0 0 I(3,2) I(3,2) 0];
%Triangle_L表示左边的三角形从1开始逆时针方向对应的在x轴上的坐标
X_Triangle_L_c=[40 20+20*I(3,2) 25+15*I(3,2) 40];
%Triangle_R表示右边的三角形从1开始逆时针方向对应的在x轴上的坐标
X_Triangle_R_c=[40 55-15*I(3,2) 60-20*I(3,2) 40];
%Y_Triangle表示三角形从1开始逆时针方向对应的在y轴上的坐标
Y_Triangle_c=[1 I(3,2) I(3,2) 1];
subplot(1,2,1)
fill(X_Shadow_c,Y_Shadow_c,'m',X_Triangle_L_c,Y_Triangle_c,'g',
     X_Triangle_R_c,Y_Triangle_c,'g')
axis([0 65 0 1]);
set(gca,'YTick',[0.2 0.5 0.8 1]);
set(gca,'XTick',[0 20 40 60]);
title('取小推理')
grid on
X_Shadow_d=[20 25 25+15*I(4,1) 55-15*I(4,1) 55 60 60-20*I(4,2)
            20+20*I(4,2) 20];
Y_Shadow_d=[0 0 I(4,1) I(4,1) 0 0 I(4,2) I(4,2) 0];
```

```
%Triangle_L表示左边的三角形从1开始逆时针方向对应的在x轴上的坐标
X_Triangle_L_d=[40 20+20*I(4,2) 25+15*I(4,2) 40];
%Triangle_R表示右边的三角形从1开始逆时针方向对应的在x轴上的坐标
X_Triangle_R_d=[40 55-15*I(4,2) 60-20*I(4,2) 40];
%Y_Triangle表示三角形从1开始逆时针方向对应的在y轴上的坐标
Y_Triangle_d=[1 I(4,2) I(4,2) 1];
subplot(1,2,2)
fill(X_Shadow_d,Y_Shadow_d,'m',X_Triangle_L_d,Y_Triangle_d,'g',
     X_Triangle_R_d,Y_Triangle_d,'g')
axis([0 65 0 1]);
set(gca,'YTick',[0.23 0.57 0.8 1]);
set(gca,'XTick',[0 20 40 60]);
title('COFR-CRD')
grid on


3)表7.4中图的程序
I=[0.1 0.3;0.15 0.35;0.2 0.5;0.23 0.57;0.3 0.5;0.37 0.65];
% ('请输入区间I: ')
X_Shadow_e=[20 25 25+15*I(5,1) 55-15*I(5,1) 55 60 60-20*I(5,2)
           20+20*I(5,2) 20];
Y_Shadow_e=[0 0 I(5,1) I(5,1) 0 0 I(5,2) I(5,2) 0];
%Triangle_L表示左边的三角形从1开始逆时针方向对应的在x轴上的坐标
X_Triangle_L_e=[40 20+20*I(5,2) 25+15*I(5,2) 40];
%Triangle_R表示右边的三角形从1开始逆时针方向对应的在x轴上的坐标
X_Triangle_R_e=[40 55-15*I(5,2) 60-20*I(5,2) 40];
%Y_Triangle表示三角形从1开始逆时针方向对应的在y轴上的坐标
Y_Triangle_e=[1 I(5,2) I(5,2) 1];
subplot(1,2,1)
fill(X_Shadow_e,Y_Shadow_e,'m',X_Triangle_L_e,Y_Triangle_e,'g',
     X_Triangle_R_e,Y_Triangle_e,'g')
```

```
axis([0 65 0 1]);
set(gca,'YTick',[0.3 0.5 0.8 1]);
set(gca,'XTick',[0 20 40 60]);
title('取小推理')
grid on
X_Shadow_f=[20 25 25+15*I(6,1) 55-15*I(6,1) 55 60 60-20*I(6,2)
            20+20*I(6,2) 20];
Y_Shadow_f=[0 0 I(6,1) I(6,1) 0 0 I(6,2) I(6,2) 0];
%Triangle_L表示左边的三角形从1开始逆时针方向对应的在x轴上的坐标
X_Triangle_L_f=[40 20+20*I(6,2) 25+15*I(6,2) 40];
%Triangle_R表示右边的三角形从1开始逆时针方向对应的在x轴上的坐标
X_Triangle_R_f=[40 55-15*I(6,2) 60-20*I(6,2) 40];
%Y_Triangle表示三角形从1开始逆时针方向对应的在y轴上的坐标
Y_Triangle_f=[1 I(6,2) I(6,2) 1];
subplot(1,2,2)
fill(X_Shadow_f,Y_Shadow_f,'m',X_Triangle_L_f,Y_Triangle_f,'g',
    X_Triangle_R_f,Y_Triangle_f,'g')
axis([0 65 0 1]);
set(gca,'YTick',[0.37 0.65 0.8 1]);
set(gca,'XTick',[0 20 40 60]);
title('COFR-CRD')
grid on
```

5. COFR 与取小和乘积模糊推理比较的 MATLAB 代码

```
clear
clc

I=[0.1 0.3;0.19 0.39]; % ('请输入区间I: ')
%X_Shadow表示阴影部分从x轴逆时针方向对应的在x轴上的坐标
%Y_Shadow表示阴影部分从x轴逆时针方向对应的在y轴上的坐标
X_Shadow_a=[20 25 25+15*I(1,1) 55-15*I(1,1) 55 60 60-20*I(1,2)
```

```
                20+20*I(1,2) 20];
    Y_Shadow_a=[0 0 I(1,1) I(1,1) 0 0 I(1,2) I(1,2) 0];
    %Triangle_L表示左边的三角形从1开始逆时针方向对应的在x轴上的坐标
    X_Triangle_L_a=[40 20+20*I(1,2) 25+15*I(1,2) 40];
    %Triangle_R表示右边的三角形从1开始逆时针方向对应的在x轴上的坐标
    X_Triangle_R_a=[40 55-15*I(1,2) 60-20*I(1,2) 40];
    %Y_Triangle表示三角形从1开始逆时针方向对应的在y轴上的坐标
    Y_Triangle_a=[1 I(1,2) I(1,2) 1];
    subplot(1,2,1)
    fill(X_Shadow_a,Y_Shadow_a,'m',X_Triangle_L_a,Y_Triangle_a,'g',
         X_Triangle_R_a,Y_Triangle_a,'g')
    axis([0 65 0 1]);
    set(gca,'YTick',[0.1 0.3 0.6 0.8 1]);
    set(gca,'XTick',[0 20 40 60]);
    title('取小推理')
    grid on
    %X_Shadow表示阴影部分从x轴逆时针方向对应的在x轴上的坐标
    %Y_Shadow表示阴影部分从x轴逆时针方向对应的在y轴上的坐标
    X_Shadow_b=[20 25 25+15*I(2,1) 55-15*I(2,1) 55 60 60-20*I(2,2)
                20+20*I(2,2) 20];
    Y_Shadow_b=[0 0 I(2,1) I(2,1) 0 0 I(2,2) I(2,2) 0];
    %fill(X_Shadow,Y_Shadow,'c')
    %Triangle_L表示左边的三角形从1开始逆时针方向对应的在x轴上的坐标
    X_Triangle_L_b=[40 20+20*I(2,2) 25+15*I(2,2) 40];
    %Triangle_R表示右边的三角形从1开始逆时针方向对应的在x轴上的坐标
    X_Triangle_R_b=[40 55-15*I(2,2) 60-20*I(2,2) 40];
    %Y_Triangle表示三角形从1开始逆时针方向对应的在y轴上的坐标
    Y_Triangle_b=[1 I(2,2) I(2,2) 1];
    subplot(1,2,2)
    fill(X_Shadow_b,Y_Shadow_b,'m',X_Triangle_L_b,Y_Triangle_b,'g',
         X_Triangle_R_b,Y_Triangle_b,'g')
```

```
axis([0 65 0 1]);
set(gca,'YTick',[0.19 0.39 0.8 1]);
set(gca,'XTick',[0 20 40 60]);
title('COFR-FRD')
grid on
```

6. 模糊自动洗衣机控制器中具有 CRD 的 COFI 的 MATLAB 代码

```
clear
clc

syms a b
r1=0.3;r2=0.8;
a=linspace(75,100,50);
b=90;
a=5;b=5;
a=10;b=10;
a=[5 10 15 20];
b=a;
a=15;b=15;
a=20;b=20;
S=1/4500*r2*(-3300*r1*a+4500*r1*b+146*a.^2*r1-186*r1*a*b-3300*a*
    r2+73*r2*a.^2+4500*r2*b-117*r2*b^2)/(r1+r2)^2;
SS=S'
area_COFI=1/2*(1/30*r1*a+1/25*r2*b)./(r1+r2)*(80-40*(1/30*r1*a+1/
        25*r2*b)/(r1+r2))-1/2*(1/50*r1*a+1/50*r2*b)./(r1+r2)*
        (60-30*(1/50*r1*a+1/50*r2*b)/(r1+r2))
area_min=1/60*a*(80-4/3*a)-1/100*a*(60-3/5*a)
a=linspace(0,30,50);
b=50;
S1=1/2*(1/30*r1*a+r2)./(r1+r2).*(80-40*(1/30*r1*a+r2)/(r1+r2))-
    1/2*(1/50*r1*a+1/50*r2*b)./(r1+r2).*(60-30*(1/50*r1*a+1/50*r2*
```

```
      b)./(r1+r2))-1/60*a.*(80-4/3*a)+1/100*b*(60-3/5*b);
S11=S1'
a=20;
b=30:2:50;
for i=1:1:11
area_COFI1(i)=1/2*(1/30*r1*a+r2)/(r1+r2)*(80-40*(1/30*r1*a+r2)/
             (r1+r2))-1/2*(1/50*r1*a+1/50*r2*b(i))/(r1+r2)*(60-
             30*(1/50*r1*a+1/50*r2*b(i))/(r1+r2));
area_min1(i)=1/60*a*(80-4/3*a)-1/100*b(i)*(60-3/5*b(i));
end
area_COFI1
area_min1


a=52; b=5;
a=54; b=10;
a=56; b=15;
area_COFI=1/2*(1/25*r1*(a-50)+3/50*r2*b)/(r1+r2)*(80-40*(1/25*r1*
          (a-50)+3/50*r2*b)/(r1+r2))-1/2*(1/50*r1*(a-50)+1/50*r2*
          b)/(r1+r2)*(60-30*(1/50*r1*(a-50)+1/50*r2*b)/(r1+r2))
area_min1=(1/50*a-1)*(160-8/5*a)-(1/100*a-1/2)*(90-3/5*a)


a=linspace(0,30,50);
b=70;
S2=1/2*(1/30*r1*a+r2)./(r1+r2).*(80-40*(1/30*r1*a+r2)/(r1+r2))-
   1/2*(1/50*r1*a+1/50*r2*(100-b))./(r1+r2).*(60-30*(1/50*r1*a+
   1/50*r2*(100-b))/(r1+r2))-1/60*a.*(80-4/3*a)+3/5*(1-1/100*b)*b;
S22=S2'
a=20;
b=52:2:70;
syms r1 r2
r1=0.1:0.1:1;
```

```
r2=0.1:0.1:1;
a=20;b=60;
for i=1:1:10
    for j=1:1:10
area_COFI2(i)=1/2*(1/30*r1*a+r2)/(r1+r2)*(80-40*(1/30*r1*a+r2)/(
            r1+r2))-1/2*(1/50*r1*a+1/50*r2*(100-b(i)))/(r1+r2)
            *(60-30*(1/50*r1*a+1/50*r2*(100-b(i))))/(r1+r2));
% area_min2(i)=1/60*a*(80-4/3*a)-3/5*(1-1/100*b(i))*b(i);
area_COFI2(i,j)=1/2*(1/30*r1(i)*a+r2(j))/(r1(i)+r2(j))*(80-40*(1/
            30*r1(i)*a+r2(j))/(r1(i)+r2(j)))-1/2*(1/50*r1(i)*
            a+1/50*r2(j)*(100-b))/(r1(i)+r2(j))*(60-30*(1/50*
            r1(i)*a+1/50*r2(j)*(100-b))/(r1(i)+r2(j)));
area_min2(i,j)=1/60*a*(80-4/3*a)-3/5*(1-1/100*b)*b;
    end
end
area_COFI2
area_min2
S3=-1/4500*r1*(15300*a*r2+42300*r2*b-234*r2*b^2-117*b^2*r1+73*
    a.^2*r1-3300*r1*a-186*a*r2*b+18900*r1*b-720000*r1-1890000*
    r2)/(r1+r2)^2;
 S33=S3'

S4=1/500*r1*(10000*r1+20000*r2-300*r1*a-300*a*r2+3*a.^2*r1+6*a*
    r2*b-1300*r2*b-500*r1*b+13*b^2*r1+26*r2*b^2)/(r1+r2)^2;
S44=S4'
S5=-3/500*r2*(a-b).*(2*r1*a+a*r2-100*r1-100*r2+r2*b)/(r1+r2)^2;
S55=S5'

S6=3/500*r1*(a-100+b).*(r1*a-2*r2*b+100*r2-b*r1)/(r1+r2)^2;
S66=S6'
S7=1/500*r1*(-3900*r2*b+26*r2*b^2+300*a*r2-300*r1*a+3*r1*a.^2-
```

```
        6*r2*a*b+90000*r1+150000*r2-2100*b*r1+13*b^2*r1)/(r1+r2)^2;
S77=S7'


S8=-1/500*(-10000*r1^2+10000*r1*r2+300*r2^2*b-3*r2^2*b^2+6*r1*
        a*r2*b-900*r1*a*r2+1300*r2*b*r1+800*b*r1^2-16*b^2*r1^2-32*
        r2*b^2*r1-300*a*r2^2+6*r1*a.^2*r2+3*a.^2*r2^2)/(r1+r2)^2
S88=S8'


S9=-3/500*r2*(a-100+b).*(2*r1*a+a*r2-100*r1-r2*b)/(r1+r2)^2;
S99=S9'
S10=3/500*r1*(a-b).*(r1*a-100*r1-100*r2+2*r2*b+b*r1)/(r1+r2)^2;
S1010=S10'
S11=1/500*r1*(3*r1*a.^2+26*b^2*r2-300*r2*a-2100*b*r1-4500*r2*
        b+90000*r1+180000*r2+13*b^2*r1-300*r1*a+6*a*r2*b)/(r1+r2)^2;
S1111=S11'
S12=1/4500*r2*(-25900*r1*a-11300*r2*a+73*r2*a.^2-14100*b*r1+
        1130000*r1-117*b^2*r2+400000*r2+4500*r2*b+146*r1*a.^2+
        186*r1*a*b)/(r1+r2)^2;
S1212=S12'
S13=1/4500*r2*(-19900*r1*a-11300*r2*a+73*r2*a.^2+2700*b*r1+
        710000*r1+27*b^2*r2+490000*r2-2700*r2*b+146*r1*a.^2-54*
        r1*a*b)/(r1+r2)^2;
S1313=S13'
a=linspace(70,100,50);
b=55;
S14=1/4500*(27*r1^2*a.^2-54*b^2*r1*r2-30700*r2*r1*a-14000*r2^2*
        a+100*r2^2*a.^2+2700*b*r1^2+2700*r1*r2*b+980000*r1*r2-27*
        b^2*r1^2-2700*r1^2*a+490000*r2^2+200*a.^2*r1*r2+54*r1*a*
        r2*b)/(r1+r2)^2;
S1414=S14'
a=70:1.5:100;
```

```
b=60;
for i=1:1:21
area_COFI14(i)=1/2*(1/30*r1*(100-a(i))+r2)/(r1+r2)*(80-40*
               (1/30*r1*(100-a(i))+r2)/(r1+r2))-1/2*(1/50*r1*
               (100-a(i))+1/50*r2*(100-b))/(r1+r2)*(60-30*(1/50*
               r1*(100-a(i))+1/50*r2*(100-b))/(r1+r2));
area_min14(i)=(5/3-1/60*a(i))*(-160/3+4/3*a(i))-3/5*(1-1/100*b)*b;
area_COFI14(i)=1/2*(1/30*r1*(100-a(i))+r2)/(r1+r2)*(80-40*(1/30*
               r1*(100-a(i))+r2)/(r1+r2))-1/2*(1/50*r1*(100-a(i))+
               1/50*r2*(100-b))/(r1+r2)*(60-30*(1/50*r1*(100-
               a(i))+1/50*r2*(100-b))/(r1+r2));
area_min14(i)=(5/3-1/60*a(i))*(-160/3+4/3*a(i))-3/5*(1-1/100
               *a(i))*a(i);
end
area_COFI14
area_min14
S15=-1/4500*r1*(73*r1*a.^2-234*b^2*r2-15300*r2*a+18900*b*r1+23700*
    r2*b-320000*r1-360000*r2-117*b^2*r1-11300*r1*a+186*a*r2*b)/
    (r1+r2)^2;
S15=1/4500*(-54*r1*r2*b^2+200*a.^2*r1*r2-12700*r1*a*r2+19500*r1*
    r2*b+21600*r2^2*b-320000*r2^2+27*r1^2*a.^2-2700*r1^2*a-
    280000*r1*r2+2700*b*r1^2+100*a.^2*r2^2-14000*a*r2^2-144*
    r2^2*b^2-27*b^2*r1^2-186*r1*a*r2*b)/(r1+r2)^2;
S1515=S15'
clear
%t1为图(a)、(b)、(c)、(d)、(e)、(f)中取小推理、乘积推理和CO推理的
  激活区间左端点，t2为图(a)、(b)、(c)、(d)、(e)、(f)中取小推理、乘
  积推理和CO推理的激活区间右端点
%left的第1行第1个元素为t1与左边LMF的交点的横坐标；left的第2行
  第1个元素为t2与左边UMF的交点的横坐标
%right的第1行第1个元素为t1与右边LMF的交点的横坐标；right的第2行
```

第1个元素为t2与右边UMF的交点的横坐标

```
% t1=[0.3 0.33 0.2 0.27 0.1 0.25];
% t2=[0.7 0.73 0.5 0.65 0.25 0.58];
t1=[0.3 0.12 0.33 0.2 0.06 0.27 0.1 0.03 0.25];
t2=[0.7 0.56 0.73 0.5 0.35 0.65 0.25  0.175 0.58];
left=[10+15*t1 10;5+20*t2 5]
right=[40-15*t1 40;45-20*t2 45]

for i=1:9
    s(i)=1/2*[-t1(i) t2(i)]*(right(:,[i 10])-left(:,[i 10]))*
        [1;1];
end
%  for i=1:6
%      s(i)=1/2*[-t1(i) t2(i)]*(right(:,[i 7])-left(:,[i 7]))*
        [1;1];
%  end
```

%面积顺序分别为图(a)、(b)、(c)、(d)、(e)、(f)

```
 mianji=s
```

%CO推理相对于取小推理、乘积推理提高的百分比

```
% baifenbi=[(s(2)-s(1))/s(1) (s(4)-s(3))/s(3) (s(6)-s(5))/s(5)]
  baifenbi=[(s(3)-s(1))/s(1) (s(3)-s(2))/s(2) (s(6)-s(4))/s(4)
        (s(6)-s(5))/s(5) (s(9)-s(7))/s(7) (s(9)-s(8))/s(8)]
clear
```

%t1为图(a)、(b)、(c)、(d)、(e)、(f)中取小推理、乘积推理和CO推理的
激活区间左端点, t2为图(a)、(b)、(c)、(d)、(e)、(f)中取小推理、乘
积推理和CO推理的激活区间右端点

%left的第1行第1个元素为t1与左边LMF的交点的横坐标; left的第2行
第1个元素为t2与左边UMF的交点的横坐标

%right的第1行第1个元素为t1与右边LMF的交点的横坐标; right的第2行
第1个元素为t2与右边UMF的交点的横坐标

```
t1=[0.3 0.33 0.2 0.27 0.1 0.25];
```

```
t2=[0.7 0.73 0.5 0.65 0.25 0.58];
% t1=[0.3 0.12 0.33 0.2 0.06 0.27 0.1 0.03 0.25];
% t2=[0.7 0.56 0.73 0.5 0.35 0.65 0.25  0.175 0.58];
left=[10+15*t1 10;5+20*t2 5]
right=[40-15*t1 40;45-20*t2 45]

% for i=1:9
%     h1=t1(i);
%     h2=t2(i);0
%     s(i)=1/2*[-t1(i) t2(i)]*(right(:,[i 10])-left(:,[i 10]))*
           [1;1];
% end
for i=1:6
     s(i)=1/2*[-t1(i) t2(i)]*(right(:,[i 7])-left(:,[i 7]))*[1;1];
end
% 面积顺序分别为图(a)、(b)、(c)、(d)、(e)、(f)
mianji=s
% CO推理相对于min和product提高的百分比
baifenbi=[(s(2)-s(1))/s(1) (s(4)-s(3))/s(3) (s(6)-s(5))/s(5)]
% baifenbi=[(s(3)-s(1))/s(1) (s(3)-s(2))/s(2) (s(6)-s(4))/s(4)
           (s(6)-s(5))/s(5) (s(9)-s(7))/s(7) (s(9)-s(8))/s(8)]
```